全球变化热门话题丛书

主　编　秦大河
副主编　丁一汇　毛耀顺

太阳风暴

Taiyang Fengbao

张元东　王家龙　编著

气象出版社

图书在版编目(CIP)数据

太阳风暴/张元东,王家龙编著. —北京:气象出版社,2003.3(2009.6重印)

(全球变化热门话题/秦大河主编)

ISBN 978-7-5029-3542-9

Ⅰ.太… Ⅱ.①张…②王… Ⅲ.太阳活动-影响-地球-普及读物 Ⅳ.P182.9-49

中国版本图书馆 CIP 数据核字(2003)第 014434 号

气象出版社出版

(北京市海淀区中关村南大街 46 号 邮编:100081)

总编室:010-68407112 发行部:010-68409198

网址 http://www.cmp.cma.gov.cn E-mail:qxcbs@263.net

责任编辑:方益民 成秀虎 终审:周诗健

封面设计:新视窗工作室 责任技编:陈 红 责任校对:单 时

*

北京京科印刷有限公司印刷

气象出版社发行 全国各地新华书店经销

*

开本:889×1194 1/32 印张:6.25 字数:162 千字

2003 年 3 月第一版 2009 年 6 月第三次印刷

印数:7001~10000 定价:18.00 元

本书如存在文字不清、漏印以及缺页、倒页、脱页等,请与本社发行部联系调换

序　言

　　全球变化科学是从20世纪80年代发展起来的一个新兴的科学领域。其研究对象是气候系统(包括岩石圈、大气圈、水圈、冰冻圈和生物圈)、各子系统内部以及各子系统之间的相互作用。它的科学目标是描述和理解人类赖以生存的气候系统运行的机制、变化规律以及人类活动在其中所起的作用与影响,从而提高对未来环境变化及其对人类社会发展影响的预测和评估能力。近20年来,全球变化的研究方向经历了重大调整。首先是从认识气候系统基本规律的纯基础研究为主,发展到与人类社会可持续发展密切相关的一系列生存环境实际问题的研究;其次是从研究人类活动对环境变化的影响,扩展到研究人类如何适应和减缓全球环境的变化。全球变化的研究已经取得了重大的进展。

　　气候变化是全球变化研究的核心问题和重要内容。科学研究表明,近百年来,地球气候正经历一次以全球变暖为主要特征的显著变化。近50年的气候变暖主要是人类使用矿物燃料排放的大量二氧化碳等温室气体的增温效应造成的。现有的预测表明,未来50~100年全球的气候将继续向变暖的方向发展。这一增温对全球自然生态系统和各国社会经济已经产生并将继续产生重大而深刻的影响,使人类的生存和发展面临巨大挑战。

　　自工业革命(1750年)以来,大气中温室气体浓度明显增加。大气中二氧化碳的浓度目前已达到368 ppmv(百万分之一体积),这可能是过去42万年中的最高值。增强的温室效应使得自1860年有气象仪器观测记录以来,全球平均温度升高了0.6 ± 0.2℃。

最暖的 14 个年份均出现在 1983 年以后。20 世纪北半球温度的增幅可能是过去 1 000 年中最高的。降水分布也发生了变化。大陆地区尤其是中高纬地区降水增加,非洲等一些地区降水减少。有些地区极端天气气候事件(厄尔尼诺、干旱、洪涝、雷暴、冰雹、风暴、高温天气和沙尘暴等)的出现频率与强度增加。近百年我国气候也在变暖,气温上升了 0.4~0.5℃,以冬季和西北、华北、东北最为明显。1985 年以来,我国已连续出现了 17 个全国大范围暖冬。降水自 20 世纪 50 年代以后逐渐减少,华北地区出现了暖干化趋势。

对于未来 100 年的全球气候变化,国内外科学家也进行了预测。结果表明:(1)到 2100 年时,地球平均地表气温将比 1990 年上升 1.4~5.8℃。这一增温值将是 20 世纪内增温值(0.6℃左右)的 2~10 倍,可能是近 10 000 年中增温最显著的速率。21 世纪全球平均降水将会增加,北半球雪盖和海冰范围将进一步缩小。到 2100 年时,全球平均海平面将比 1990 年上升 0.09~0.88 m。一些极端事件(如高温天气、强降水、热带气旋强风等)发生的频率会增加。(2)我国气候将继续变暖。到 2020~2030 年,全国平均气温将上升 1.7℃;到 2050 年,全国平均气温将上升 2.2℃。我国气候变暖的幅度由南向北增加。不少地区降水出现增加趋势,但华北和东北南部等一些地区将出现继续变干的趋势。

气候变化的影响是多尺度、全方位、多层次的,正面和负面影响并存,但它的负面影响更受关注。全球气候变暖对全球许多地区的自然生态系统已经产生了影响,如海平面升高、冰川退缩、湖泊水位下降、湖泊面积萎缩、冻土融化、河(湖)冰迟冻与早融、中高纬生长季节延长、动植物分布范围向极区和高海拔区延伸、某些动植物数量减少、一些植物开花期提前等等。自然生态系统由于适应能力有限,容易受到严重的、甚至不可恢复的破坏。正面临这种危险的系统包括:冰川、珊瑚礁岛、红树林、热带雨林、极地和高山生态系统、草原湿地、残余天然草地和海岸带生态系统等。随着气候变化频率和幅度的增加,遭受破坏的自然生态系统在数目上会有所增加,其地理范围也将增加。

气候变化对国民经济的影响可能以负面为主。农业可能是对气候变化反应最为敏感的部门之一。气候变化将使我国未来农业生产的不稳定性增加,产量波动大;农业生产布局和结构将出现变动;农业生产条件改变,农业成本和投资大幅度增加。气候变暖将导致地表径流、旱涝灾害频率和一些地区的水质等发生变化,特别是水资源供需矛盾将更为突出。对气候变化敏感的传染性疾病(如疟疾和登革热)的传播范围可能增加;与高温热浪天气有关的疾病和死亡率增加。气候变化将影响人类居住环境,尤其是江河流域和海岸带低地地区以及迅速发展的城镇,最直接的威胁是洪涝和山体滑坡。人类目前所面临的水和能源短缺、垃圾处理和交通等环境问题,也可能因高温、多雨而加剧。

由于全球增暖将导致地球气候系统的深刻变化,使人类与生态环境系统之间业已建立起来的相互适应关系受到显著影响和扰动,因此全球变化特别是气候变化问题得到各国政府与公众的极大关注。

1979年的第一次世界气候大会(主要由科学家参加)宣言提出:如果大气中的二氧化碳含量今后仍像现在这样不断增加,则气温的上升到20世纪末将达到可测量的程度,到21世纪中叶将会出现显著的增温现象。1990年11月,第二次世界气候大会(由科学家和部长参加)通过了《科学技术会议声明》和《部长宣言》,认为已有一些技术上可行、经济上有效的方法,可供各国减少二氧化碳的排放,并提出制定气候变化公约的问题。1991年2月联合国组成气候公约谈判工作组,并于1992年5月完成了公约的谈判工作。1992年6月联合国环境与发展大会期间,153个国家和区域一体化组织正式签署了《联合国气候变化框架公约》。1994年3月21日公约正式生效。截止到2001年12月共有187个国家和区域一体化组织成为缔约方。公约缔约方第一次大会于1995年3月在德国柏林召开。经过两年的艰苦谈判,1997年12月在日本京都召开的公约第三次缔约方大会上通过了《京都议定书》，为发达国家规定了到 2008～2012 年的具体的温室气体减排义务。

1988 年 11 月世界气象组织和联合国环境规划署建立了"政府间气候变化专门委员会（IPCC）"，其主要任务是定期对气候变化科学知识的现状、气候变化对社会和经济的潜在影响，以及适应和减缓气候变化的可能对策进行评估，为各国政府和国际社会提供权威的科学信息。自成立以来，IPCC 已组织世界上数以千计的不同领域的科学家完成了三次评估报告及"综合报告"。目前，IPCC 正在准备编写第四次评估报告，将于 2007 年完成。此外，还组织编写了许多特别报告、技术报告。IPCC 组织编写的这些评估报告，作为制定气候变化政策和对策的科学依据提交给国际社会和各国政府。它不仅为各国政府部门制定气候变化对策提供了科学信息，而且也直接影响着《联合国气候变化框架公约》及《京都议定书》的实施进程，并在荒漠化、湿地等其他国际环境公约的活动中发挥着越来越大的作用。

全球气候变化问题，不仅是科学问题、环境问题，而且是能源问题、经济问题和政治问题。全球气候变化问题将给我国带来许多挑战、压力和机遇。

国际上要求我国减排温室气体的压力越来越大。目前我国二氧化碳排放量已位居世界第二，甲烷、氧化亚氮等温室气体的排放量也居世界前列。预测表明，到 2025～2030 年间，我国的二氧化碳排放总量很可能超过美国，居世界第一位；目前低于世界平均水平的我国人均二氧化碳排放量可能达到世界平均水平。由于技术和设备相对落后、陈旧，能源消费强度大，我国单位国内生产总值的温室气体排放量比较高。

我国减排温室气体的潜力受到能源结构、技术和资金的制约。煤是我国的主要能源，在我国一次能源消费中，煤炭约占 70%。受能源结构的制约，我国通过调整能源结构来减少二氧化碳排放量的潜力有限。如果近期就承担温室气体控制义务，我国的能源供应将受到制约。同时,因缺少相应的技术支撑,我国的经济发展将受到严重影响。因此,我国的能源结构和减排成本决定了我国不可能过早地承诺减排义务。在相当一段时期内,我国应坚持"节约能源、优化能源结构、提高能源利用效率"的能源政策,但是需要相当的技术和资金作为保证。目前发达国家希望通过"清洁发展机制(CDM)"项目,从发展中国家获得减排抵消额。这将为发展中国家获得新的投资和技术转让带来机遇。

我国党和政府对气候变化问题一直非常重视,早在1986年就成立了国家气候委员会,其职责是参加国际有关组织相应的活动,并在开展气候研究、预报、服务等工作中,负责对外的国际合作、交流,对内起到组织协调的作用,并与各有关部门共同协商、配合工作,充分发挥各有关单位的积极性,使气候科学更好地为国家建设服务。1995年成立了国家气候中心,专门从事气候监测、预测和评价等工作,为我国经济建设和社会发展提供了卓有成效的服务。目前,气候变化与生态环境问题已引起党和政府的高度关注。但是总体来看,迄今为止我国还未把适应与减缓气候变化影响的问题真正提上议事日程,这方面的研究仍十分薄弱和不足。由于全球气候变暖可能给我国自然生态系统和社会经济部门带来难以承受的、不可逆转的、持久的严重影响。因此,应对全球气候变暖的影响,趋利避害,应成为我国实施可持续发展时必须重视的问题之一。需要全面深入研究气候变化对我国自然生态系统和国民经济各部门的影响后果、可采取的适应与减缓措施,并在对其进行成本-效益分析的基础上,提出我国适应与减缓气候变化影响的规划和行动计划。

为了宣传和普及气候和气候变化方面的科学知识,提高公众在全球变化问题上的科学认识,我们组织编撰出版这套《全球变化热门话题》丛书。本套丛书一共18册,由国内相关领域的知名专家撰稿,内容包括以下三方面:一是以大量监测数据为基础,揭示全球变化的若干事实及其在各个分系统中的表现形式;二是以太阳辐射、大气化学、大气物理、环境和生态演变等多学科交叉理论为基础,深入浅出地阐述气候变化的成因;三是以可持续发展理论为指导,提出人类适应和减缓全球变化的各种对策、途径和方法。该丛书的出版,旨在使人们对全球变化有清醒而全面的科学认识,从而更加关注全球变化,并且在更高的层次上、更广泛的范围内认识我国在全球变化中的地位和作用,自觉参与人类社会的共同决策,保护人类赖以生存的地球环境。

国家气候委员会主任
中国气象局局长 秦大河

2003 年 3 月 23 日

目 录

第一章　太阳与太阳观测 ································· (1)
　宇宙中的太阳 ····································· (1)
　太阳的内部与太阳大气 ····························· (5)
　　太阳的内部构造 ······························· (6)
　　太阳大气 ····································· (8)
　起源于太阳大气中的太阳活动 ······················ (15)
　　多种多样的太阳活动 ·························· (15)
　　太阳黑子与光斑 ······························ (15)
　　色球层的谱斑与暗条 ·························· (17)
　　冕洞、冕环和日冕凝聚区 ······················ (18)
　太阳活动的光学观测 ······························ (19)
　　太阳活动的白光成像观测 ······················ (19)
　　太阳活动的单色光观测 ························ (20)
　　太阳活动的光谱观测和磁场观测 ················ (23)
　太阳活动的射电观测 ······························ (24)
　　太阳活动的单频率射电流量密度观测 ············ (25)
　　太阳活动的运动射电频谱观测 ·················· (26)
　　太阳活动的射电成像观测 ······················ (26)
　太阳活动的空间观测 ······························ (27)

第二章　太阳黑子 ····································· (30)
　单个太阳黑子的一般性质 ·························· (30)

　　　　黑子的形态 …………………………………… (30)
　　　　黑子中的物质流动、物态和磁场 …………… (32)
　　黑子的群居性与黑子群的形态分类 ………………… (34)
　　黑子群的磁分类 …………………………………… (39)
　　太阳黑子活动的周期性 …………………………… (41)
　　黑子群在日面上的分布规律 ……………………… (43)
　　　　黑子群在日面上的纬度分布 ………………… (43)
　　　　黑子群的磁场极性在日面上的分布规律 …… (44)
　　巴布柯克—莱顿学说 ……………………………… (46)

第三章　太阳风暴 ……………………………………… (49)
　　太阳耀斑 …………………………………………… (49)
　　　　太阳耀斑的时间过程 ………………………… (50)
　　　　太阳耀斑的空间结构 ………………………… (52)
　　太阳耀斑与黑子的关系 …………………………… (53)
　　　　太阳耀斑的分级 ……………………………… (53)
　　　　耀斑与黑子数的关系 ………………………… (54)
　　　　耀斑与黑子群形态的关系 …………………… (54)
　　　　耀斑与黑子群的位置关系 …………………… (55)
　　日冕物质抛射 ……………………………………… (56)
　　　　日冕物质抛射的一般形态 …………………… (57)
　　　　日冕物质抛射的基本特征量 ………………… (57)
　　　　日冕物质抛射与其他种太阳活动的关系 …… (59)
　　日地空间结构 ……………………………………… (60)
　　大太阳风暴及其对地球空间环境的影响 ………… (63)
　　　　1989年3月的系列太阳风暴 ………………… (64)
　　　　1989年3月太阳风暴对地球空间环境的影响 …… (65)

第四章　太阳活动预报 ………………………………… (68)
　　太阳活动预报的实用意义和分类 ………………… (68)

太阳活动预报的实用意义 …………………………………(68)
　　　太阳活动预报的分类 ……………………………………(70)
　太阳活动预报 ……………………………………………………(71)
　　　太阳活动的长期预报 ……………………………………(71)
　　　太阳活动的中期预报 ……………………………………(73)
　　　太阳活动的短期预报 ……………………………………(74)

第五章　太阳活动与地球环境变化 ……………………………(77)
　地磁场变化 ………………………………………………………(77)
　　　概述 ………………………………………………………(77)
　　　地磁变化指数 ……………………………………………(79)
　　　地磁变化与太阳的关系 …………………………………(83)
　电离层变化 ………………………………………………………(89)
　　　电离层的结构 ……………………………………………(89)
　　　电离层扰动 ………………………………………………(92)
　极光 ………………………………………………………………(95)
　　　极光的概况 ………………………………………………(95)
　　　极光与太阳活动的关系 …………………………………(96)
　臭氧洞 ……………………………………………………………(98)
　　　臭氧洞的危害性 …………………………………………(98)
　　　臭氧洞概况 ………………………………………………(98)
　　　臭氧洞与太阳活动 ………………………………………(101)

第六章　太阳活动与气象灾害……………………………………(105)
　太阳活动与天气、气候关系研究概述 …………………………(105)
　"日—气关系"的若干事例 ………………………………………(108)
　　　太阳活动与降水量的关系…………………………………(109)
　　　太阳活动与气温的关系……………………………………(111)
　　　太阳活动与气压及环流的关系……………………………(116)
　太阳活动与我国旱涝灾害………………………………………(124)

　　　　在较大时空尺度中的关系……………………………(124)
　　　　在较小时空尺度中的关系……………………………(128)
　　太阳活动与海冰灾害……………………………………(133)
　　"太阳—气候关系"的物理机制问题………………………(135)
　　　　我国对"臭氧机制"的研究……………………………(135)
　　　　我国对"大气电机制"的研究…………………………(141)
　　太阳活动与冰期…………………………………………(149)

第七章　太阳活动与地震灾害…………………………………(157)
　　地震活动的某些规律……………………………………(157)
　　　　世纪周期………………………………………………(158)
　　　　中长周期………………………………………………(159)
　　　　年周期及更短周期……………………………………(161)
　　周期对应关系……………………………………………(162)
　　磁暴地震二倍法…………………………………………(168)

第八章　太阳活动与人生………………………………………(173)
　　太阳活动与优生优育……………………………………(173)
　　　　小剂量辐射的有益效应………………………………(174)
　　　　太阳辐射变化对先天素质的影响……………………(175)
　　　　太阳活动与优生优育…………………………………(177)
　　太阳活动与急性传染病…………………………………(178)
　　太阳活动与心血管病、精神病…………………………(182)
　　太阳活动与交通事故……………………………………(184)

参考文献……………………………………………………………(187)
后记…………………………………………………………………(189)

第一章 太阳与太阳观测

宇宙中的太阳

人类一向关心太阳和太阳活动,这是因为太阳不仅提供了我们人类生存与发展所需的绝大部分能量,太阳活动还影响着我们的生存环境。然而,一个明显的问题是,近百年来,特别是近几十年来,为什么人类对太阳和太阳活动投入了异常大的关注与研究力量?从百年或千年尺度来看,太阳作为距离我们最近的一颗恒星,它与地球的运动关系并无可察觉的变化,它的表面温度并无明显的总体起伏,它的总辐射量并无单调的上升或下降,但是为什么今天的人类会如此地重视太阳上发生的种种变化呢?让我们看看这样几个现实:当我们发射和操控卫星的时候,我们会担心太阳的高能粒子辐射击毁卫星上的装备;当我们预测粮食的收获时,我们需要考虑太阳黑子的周期性活动;当我们讨论气候变迁时,我们必须思索太阳活动的起伏……凡此种种,使我们感到太阳与我们人类的关系随着人类文明的发展、应用科学与技术能力的提高而变得更密切了,更复杂了。这也正是我们对前面所提问题的回答。尽管如此,太阳活动毕竟是发生在太阳大气中局部区域的现象,虽然不同的局部区域之间可能有紧密的联系。太阳活动是发生在一个总体上稳定的太阳之上,因此,我们首先介绍一下宇宙中的太阳和太阳的总体情况,对于我们理解太阳活动是有益的。

宇宙中的星体并非均匀地分布,它们倾向于群居,形成一个个的星系,每个星系中含有千千万万颗恒星。太阳是银河星系中的一个普通的恒星。从上下来看,星体在银河系中的总体分布像一个圆盘,在圆盘中恒星和气体的分布也不是均匀的,而是相对集中于圆盘的中心(称银心)的附近和由银心向外形成几条旋臂状结构。从侧面看银河系,它像一个体育运动中使用的铁饼,中间成一个突起的核状,向外延伸,越到边缘越薄,如图 1.1 所示。银河系的星体除主要集中于铁饼状的区域(称为银盘)之外,还有星体较稀疏地分布在银盘的周围,呈球状。从银心到银盘的边缘,即银河系的半径,约有几万光年(1 光年是光行一年的距离,约为 9.4605×10^{12} km)。银盘边缘所决定的平面称为银道面,我们的太阳就位于银盘的一

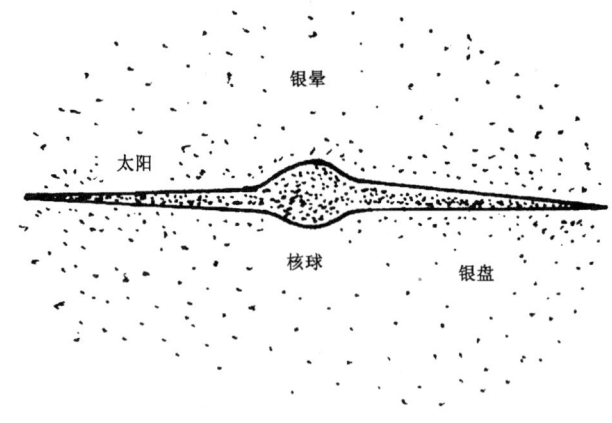

图 1.1 侧观银河系的形状

(胡文瑞,赵学溥 1987)

第一章 太阳与太阳观测

个旋臂中,距银道面约为 26 光年,距银心有 1 万个秒差距之遥(1 个秒差距是 3.0857×10^{13} km)。太阳随着它所在的旋臂年复一年地绕银心以每秒 200 多公里的速度运动,约 2 亿多年才绕银心一周。当然,太阳系和我们的地球也随着太阳参与这种运动。

在茫茫的恒星世界,给恒星作分类是人类试图区分恒星的第一步。在黑夜中目视恒星,最显著的差别就是星的颜色不同和亮度不同。星的不同颜色实际上反映了它们的不同温度。我们知道,发蓝光的物体的温度要比发红光的物体的温度高。这样,对于恒星颜色或温度的分类就发展成了用恒星的光谱特征来作恒星分类的标准,将恒星分成 O、B、A、F、G、K 和 M 等 7 种光谱型。每一种光谱型的恒星具有一个近似的等效表面温度。所谓等效表面温度,是指把恒星表面的辐射当作绝对黑体的辐射时,绝对黑体所具有的温度。表 1.1 中列出了恒星的光谱类型与它们的等效表面温度。

表 1.1 恒星的光谱型及其对应的等效表面温度

光谱型	等效表面温度	光谱型	等效表面温度
O 型	~30 000K	G 型	~5 500K
B 型	~20 000K	K 型	~4 000K
A 型	~10 000K	M 型	~3 200K
F 型	~7 000K		

此外,为了更细致地给恒星分类,在每一个光谱型中又设有从 0 到 9 的 10 个等级。太阳为黄色被分在 G2 型,它的等效表面温度约 5770K。

另一方面,恒星的亮度也是恒星分类的一个重要参量。最早提出的一个只用恒星亮度给恒星分等的办法是目视星等方法。该方法无视恒星到地球的距离,把 21 颗目视最亮的恒星定为 1 等,把目视最暗的恒星定为 6 等,通过下式来比较恒星的目视星等与亮度。

$$m_2 = m_1 - 2.5\lg(I_2/I_1)$$

式中 m_1 与 m_2 分别表示 2 颗星的目视星等,I_1 与 I_2 分别为这两颗星的亮度。用这种方法给太阳定出的目视星等是 -26.7 等,天狼星的目视星等是−1.6等。所以看起来太阳比天狼星亮百亿倍。但是这样定出的星等,由于没有考虑恒星到地球的距离远近,所以不能表示恒星的真实亮度。如果把所有的恒星都放在距我们10秒差距的地方给它们定目视星等,这时的星等就称为"绝对星等"。绝对星等完全可以表示恒星的真实亮度。我们太阳的绝对星等是+4.8,天狼星的绝对星等是+1.4,实际上天狼星的真实亮度比太阳大30多倍。若把太阳放在离我们10秒差距的地方,看上去太阳只是一颗暗黄星。

太阳是一颗普通的典型的恒星,这可以从它在恒星的光谱型—绝对星等(或光度)图中的位置看出来。恒星以其光谱型和绝对星等为参量,在光谱型为横坐标、绝对星等为纵坐标的图中的分布是很有规律的,如图1.2所示。这种图也简称赫—罗图,是由天文

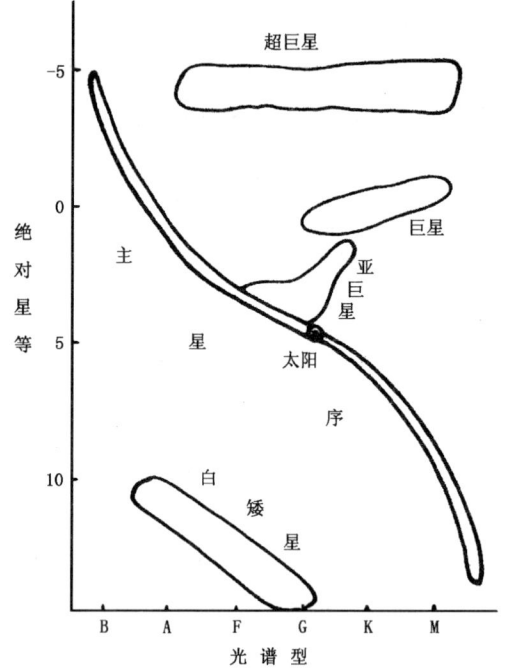

图1.2 恒星的光谱型—绝对星等图(赫—罗图)

(叶式辉 1982)

学家赫茨普龙和罗素首先提出。在赫—罗图上很容易把恒星分成几组,各组的星分别称为超巨星、巨星、亚巨星、主序星、白矮星,并给以罗马大写数字为标示。主序星记为罗马大写数字 V,太阳属于主星序(见图中⊙),因此太阳的完整的光谱—光度分类是 G_2V。太阳在赫—罗图中主星序内的位置清楚地表明,太阳在温度高低和光度大小两方面都是中等偏弱的一颗主序星,是恒星的一个普通代表。与其谈论太阳在恒星界的特殊,不如说它对人类的特殊,它是离我们最近的一颗恒星,是太阳系的主宰。

恒星与太阳内部的研究告诉我们,太阳已作为主序星存在了大约 50 亿年。它是一颗中年的星。它还将在主序星类之内继续存在约 50 亿年。在 50 亿年之后,太阳会变成一颗与今天形态完全不同的红巨星。

为便于读者对太阳总体的了解,表 1.2 中列出太阳的基本参量。

表 1.2　太阳的基本参量

太阳半径	6.96×10^{10} cm
太阳体积	1.41×10^{33} cm^3
太阳表面积	6.09×10^{22} cm^2
太阳质量	1.99×10^{33} g
平均密度	1.40 g·cm^{-3}
表面上的重力加速度	2.74×10^4 cm·s^{-2}
太阳发出的辐射	3.83×10^{26} J·s^{-1}
自转角速度(在日面纬度 16°处)	2.87×10^{-6} rad·s^{-1}
表面上的逃逸速度	617.7 km·s^{-1}
太阳近极区磁场(黑子极小期)	$1 \sim 2$ Gs*
在日地平均距离处太阳角半径	15.99 角分

* $1\text{Gs} \cong 10^{-4}$ T,下同。

太阳的内部与太阳大气

人类对于太阳的认识显然是从太阳外表开始的,因为直接目视是最方便的观测手段。随着望远镜的使用和物理学的发展,当我们积累了一定的关于太阳外层的知识时,对于太阳内部我们依然一无所知,那时还没有任何实测向我们提供太阳内部的信息。虽然中微子的观测和日食观测能带给我们关于太阳内部构造的知识,但是这两种研究还远不够完全。实际上,现在我们对太阳内部的认识,基本上都是由理论推导得来的。

我们把太阳内部与太阳外层的分界面,设定在我们能直接目视到的太阳层次——太阳光球的底部。从太阳光球的底部向外延伸到空间,称为太阳大气。从太阳光球底部向内直到太阳核心,称为太阳内部。我们首先介绍太阳内部构造,然后叙述太阳外层——太阳大气。

太阳的内部构造

太阳是一颗稳定的恒星,在内部无磁场、无自转、无集体流动和无大规模物质抛射的假定条件下,可以当作一个稳定的静平衡下的球对称的流体球来研究,从而得到的太阳内部构造的情形,仅仅只是真实太阳的一个非常简化的、非常粗糙的理想模型。

在上述简化条件下,考虑太阳球体内遵从的物质守恒条件,考虑气体压力与重力平衡的条件,同时,考虑能量平衡条件时,假设能流由太阳核心向外流动过程中,每处每个小体积内的能量都保持不变,不在任何一点发生能量的积累或亏损。

在理论研究中,还认为太阳的能量来源于内部核心区发生的热核聚变反应。主要的反应过程是质子循环和碳氮循环,反应的结果是由 4 个氢原子核聚变成一个氦原子核,并发射出 4.283×10^{-6} erg* 的能量。这些能量以中微子与 γ 射线的形式从太阳核心向外辐射。中微子从太阳内部毫无阻碍地飞向宇宙空间,而 γ 射线则从太阳核心部分经太阳内部各层被吸收、再发射以及散射,使其辐射波长逐渐由短变长。当辐射能向外传播,遇到物理状态满足对

---

* 1erg=10^{-7}J,下同。

流判据的层次时,就产生了太阳内部的对流层。所谓满足对流判据,是指流体的物理状态满足绝热温度梯度的绝对值小于辐射传能的温度梯度的绝对值,这时流体内就会产生大量对流现象。这个判据称为史瓦西对流判据,常以下式表示:

$$\left|\frac{dT}{dr}\right|_{ad} < \left|\frac{dT}{dr}\right|_{rd}$$

式中$\left|\frac{dT}{dr}\right|_{ad}$和$\left|\frac{dT}{dr}\right|_{rd}$分别为绝热温度梯度与辐射传能时的温度梯度的绝对值。

在太阳对流层内,物质以对流元的形式对流,起着主要的传能作用。对流层对辐射的吸收能力远大于太阳核心区,使得内部的辐射不能穿过,因而我们不能直接观测到来自太阳内部的辐射,很难直接得到有关太阳内部的信息。传能过程由内向外到达对流层顶时,就结束了太阳内部的历程,到了太阳内部与太阳大气的分界面。再往外就进入了可直接观测的太阳大气的最底层——太阳光球。

理论天文学家在建立这种理想的太阳内部模型时,真正用到的实测数据只有三个,就是太阳的大小、太阳的质量和太阳的光度。这样建立起的模型虽然是理想的、简化的,但还是为我们提供了关于太阳内部构造的背景性的知识,帮助我们对太阳有一个总体的认识。图1.3是用这种方法建立的一个标准太阳模型。

从图1.3可知,太阳内部大致可分成三个区域:核心区、中间层和对流层。由日心向外到$0.25R_\odot$($R_\odot$为太阳半径)是核心区,其中发生氢核聚变为氦核的热核反应,产生能量,温度高达1.56×10^7K,物质密度高达$158 \mathrm{g \cdot cm^{-3}}$;从$0.25R_\odot$到大约$0.86R_\odot$的部分是中间层,温度由中间层底部的$8 \times 10^6$K降到顶部的$5 \times 10^5$K,密度由$20 \mathrm{g \cdot cm^{-3}}$降到$10^{-2} \mathrm{g \cdot cm^{-3}}$,能量以辐射与散射形式外传;从中间层顶部开始进入对流层,向外经过厚度约为$0.14R_\odot$的以对流传能为主的对流层到达该层之顶端,温度从5×10^5K降至

6.6×10^3K,密度从 10^{-2}g·cm^{-3} 降到 4×10^{-7}g·cm^{-3}。再往外就进入了太阳大气的底部,物质密度小得多,透明度增加,重新以辐射传能为主导方式,成为我们可以直接观测的层次。

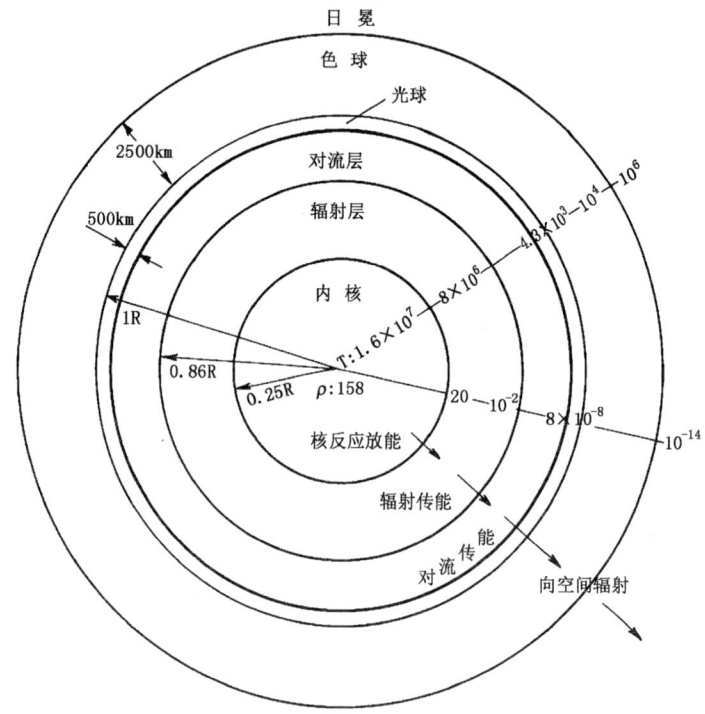

图 1.3 太阳的内部及太阳大气结构示意图
(Gibson,G.E. 1973)

太阳大气

太阳大气与太阳内部相比,其最大特点是气体密度以很大梯度下降,气体越来越稀薄。这时物质密度成为了一个很重要的物理量。密度的下降,不但使太阳大气的透明度增加,还导致气体物理性质的很大变化,使物理过程更加偏离热动平衡,更加偏离流体过程而趋于等离子体过程。尽管在太阳大气中有种种不均匀结构和活动现象,但作为背景知识我们在这只讨论宁静太阳大气的情况,在后面再介绍太阳大气中的活动现象。

根据太阳大气物质密度的稀释情况及物理性质的变化,我们可以近似地把太阳大气由内向外分成三层:太阳光球层、太阳色球层和日冕层。光球层是太阳大气的底层,色球层居中,日冕层为最外层。光球的物质密度从其底部的 4×10^{-7}g·cm^{-3} 向外降至光球顶部的 8×10^{-8}g·cm^{-3},色球层的密度由光球顶部的 8×10^{-8}g·cm^{-3} 降到色球顶部的 10^{-14}g·cm^{-3},日冕层则从 10^{-14}g·cm^{-3} 向外一直下降到行星际空间的极低的密度。

尽管这三层大气在厚度和物理性质上有很大差异,但实际上各层之间并非绝然分开,而是存在有层间的过渡区域,并且在许多局部区域各层之间还存在参差不齐的交错结构。

· 太阳光球

太阳光球就是我们直接目视到的明亮的太阳。太阳向空间发射的辐射能几乎全部来自光球。如果我们把太阳光球大气视为绝对黑体,那么太阳表面单位面积、单位时间内辐射的包含各种波长的总辐射能量 E 就可以按斯忒藩—玻耳兹曼定律表示为

$$E=\sigma T^4$$

式中 σ 是个常数,等于 5.6703×10^{-5}erg·cm^{-3}·K^{-4}。于是,由实测的 E,依上式可以计算出太阳光球的等效温度是 5762K。

若我们用一架望远镜加上照相机给太阳照相,得到的就是一张太阳光球照片。太阳光球照片的特点是日面中央部分亮,日面边缘部分较暗,这称为太阳光球的"临边昏暗现象"。这个现象可以用在日面中心部位看到的太阳辐射与在日面边缘看到的辐射来自光球的不同深度来解释。若我们把太阳内任何一点距日心的距离称作该点的日心距 r,如果我们在日面中央部分能深入光球看到 a 点,其日心距为 r_a,则在日面边缘处就应该能看到 b 点,其日心距为 r_b,且 $r_a<r_b$,即 a 点在光球的位置较 b 点离日心更近,温度更

高,所以亮度较 b 点大,如图 1.4 所示。

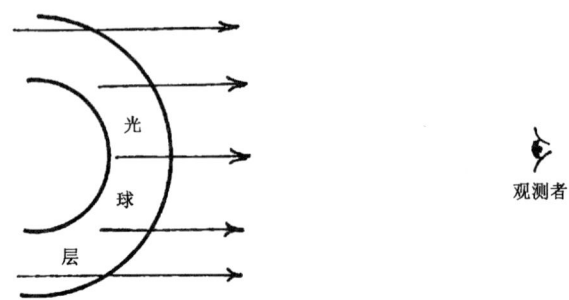

图 1.4 太阳临边昏暗现象的解释

太阳辐射能量的绝大部分都是电磁辐射,辐射的能量按照波长的分布称为太阳分光辐射照度。对太阳电磁辐射的测量常在地面或高空进行,然后外推出地球大气之外的分光辐射照度。太阳的辐射波长范围很广,从 X 射线直到 100m 波长的无线电波都有发射。各个波长总合辐射的能量中,绝大部分能量集中在可见光区、紫外光区和红外线区域。总能量的 99% 集中于 276~4960nm 波区,99.9% 集中在 217~10 940nm 波区。

早期对太阳总辐射率的测量精度不高,曾认为它是一个不变量,并定义地球大气之外距离太阳一个天文单位(等于一个日地平均距离,约为 1.49598×10^8 km)处与太阳光垂直的单位面积上在单位时间内接收到的太阳在一切波长的总辐射能量为太阳常数。上世纪 80 年代以后,使用高精度测量仪器在空间对"太阳常数"作了测量,把"太阳常数"定值为 $1367 \mathrm{W \cdot m^{-2}}$,还发现了太阳常数的长期变化以及与黑子群有关的偶发性短期下降。

太阳光球的光谱特征,是连续光谱上重叠着许多离散存在的暗黑谱线。这些暗黑谱线称为"吸收谱线"或"夫琅和费吸收线"。吸收谱线存在的离散形式说明,太阳大气中的物质在对连续光谱的辐射作吸收的同时,还有选择吸收。对这些吸收谱线的波长作测量,使我们知道了每一根吸收谱线对应于一种原子或离子的一个能级跃迁。谱线处的吸收程度大于连续光谱处的吸收程度,使我们观测到的谱线内的辐射是由较外面的太阳大气层次即较高的层次发射的。如果这个层次位于较高的光球处,那里温度较低,就会形成暗黑的吸收线。如果这个层次位于光球之上,那里的温度较高,就会形成亮的发射谱线。

用具有高分辨力的望远镜(例如分辨角≤1′)来观测太阳,在宁静太阳的不均匀性方面,可以看到光球表面上有反映不均匀性的图案,这种图案不是物质不均匀堆积或浓疏形成的图案,而是物质运动的图案,或者称之为光球速度场的图案。最容易看到的是日面上布满由米粒形状的小单元组成的图形,每个小单元称为一个米粒,它们的整体称为米粒组织。米粒是不规则的多角形的相对明亮的元胞,它们之间由暗的间隔隔开,米粒的直径约在 $0.2''\sim 2.6''$(145~1885km)之间,平均约 1000km,米粒的寿命约 6~10min。米粒比周围亮约 10%~20%。米粒实际上是光球下面对流层中向上对流运动的反映。物质从对流元中心向上流动,流速约 $0.3\sim 3.0 \text{km} \cdot \text{s}^{-1}$,然后沿水平流动到对流边缘转而向下。

中米粒是太阳大气中第二种规整的速度场图案。它对应的对流元胞的尺度约 $10''$(7250km),寿命约 2 小时。中米粒代表的对流层深度约为 7000km,与元胞直径尺度相当。

太阳大气中第三种规整的速度场图案称为超米粒,对应于对流元胞的尺度比米粒与超米粒都大,元胞的直径是 20 000~54 000km,平均为 32 000km。超米粒的寿命约 1~2 天。在超米粒中心处垂直向上的流动速度不大于 $20 \text{m} \cdot \text{s}^{-1}$,从中心处向元胞边缘的水平流速约 $0.3\sim 0.5 \text{km} \cdot \text{s}^{-1}$,沿元胞边界向下的流速却相当大。超米粒元胞边界处的向下流动有聚集在几个超米粒边界交汇处的特点。

• 太阳色球

在日全食观测中得到的太阳边缘区的光谱里,发现太阳大气光球上面的色球层具有发射谱线,特别是有强的氢 $H\alpha$ 谱线和一

次电离钙的 K 谱线。这些观测启发了人们用单色光来观测太阳大气的中间层——色球。

观测者最常用 $H\alpha$ 单色光作太阳全日面色球观测。用 $H\alpha$ 单色光在宁静色球区首先看到的是亮斑和暗斑。亮斑的尺度是 $2''\sim 6''$，高度是 $2''$，平均寿命 11min；暗斑的尺度范围是 $2''\sim 11''$，寿命约为 5min。亮斑与暗斑在日面上组成类似于网络的结构。网络中的格子称为元胞，直径约为 30 000km，寿命约 20 多小时，并且与光球超米粒组织的网络近似相符合。实际上超米粒网络与色球网络是太阳大气里从下向上彼此统一连接的结构。超米粒网络元胞的边界处是向下流动区，也是磁场较强的区域。在几个元胞边界相遇处似乎是磁力线被堆集在一起，磁场更强，磁场范围约为 $20\sim 200$Gs。在这些强磁场处磁力线向上延伸，约束着一些色球物质沿磁力线向上运动，穿过色球层，一直穿到太阳大气的最高层——日冕中，形成所谓色球针状体。

由观测得知，平均每个超米粒约有 40 个色球针状体。针状体的向上运动速度约 $20\sim 25$km·s^{-1}，寿命 $5\sim 10$min，高度 $5''\sim 15''$，宽约 $1''\sim 2''$。针状体在日面边缘时，用望远镜观测是投影在天空中的亮椎状物。但在日面上时，因日面背景较亮，看起来就成了暗斑状。

当我们忽略太阳大气层中的不均匀结构，把太阳视为球对称的气体球，进行分层研究时，太阳大气的物理量都只是日心距的函数。这样求得如图 1.5 所示的温度在太阳大气中随高度的分布。

由图 1.5 可知，光球、色球、色球日冕过渡区及低日冕的温度分布中，低色球层是从太阳大气的温度最低处（约 4300K）附近开始，向上到温度 $T=6000$K 的层次，厚度约 700km；中色球层是由 $T=6000$K 上升到 $T=10\ 000$K 的区域；高色球层是由 10 000K 的地方向上到温度为 50 000K 的层次。色球层厚度约 2000km，在较高的色球层可以清楚地区分开单个针状体的形状，如图 1.6 所示。

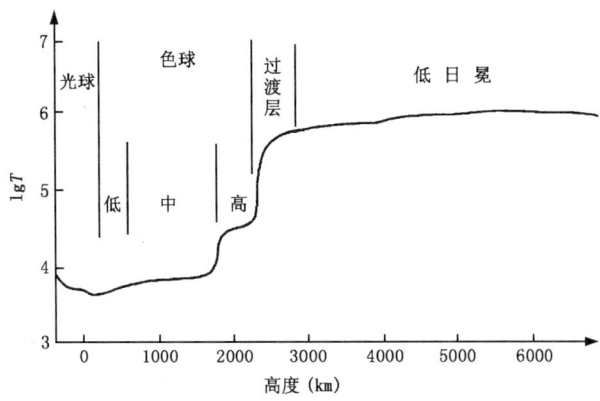

图 1.5 太阳大气中温度随高度的分布

(章振大 2000)

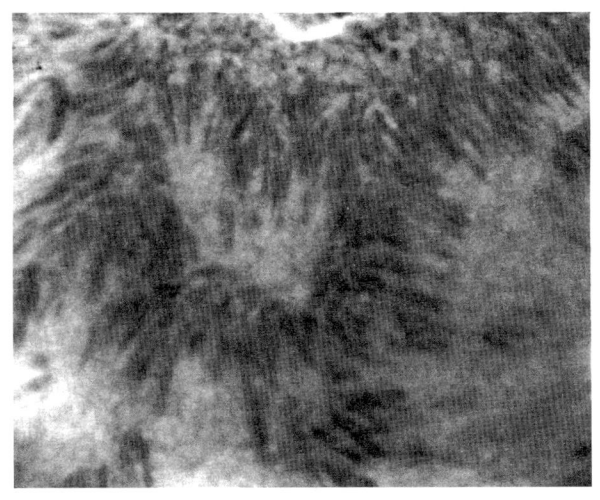

图 1.6 在 $H\alpha-0.5\text{Å}$ 单色光里拍摄
的日面色球针状体,显示为暗纤维

从高色球层顶端开始有一个温度陡升区,温度从 10^4 K 很快

上升到 10^6 K，这是色球与日冕之间的过渡区，区内压力基本保持不变，密度急速下降和温度急速上升，厚度只有几百公里。再往高处则开始了日冕层。

· 日冕

由日全食观测发现了日冕，日冕是太阳大气的最外层。日全食时，月球遮挡住了太阳光球的强度，在太阳四周看到的亮晕状物就是日冕。日冕的亮度从太阳边缘向外越来越弱，在太阳边缘的日冕也只有日心亮度的百万分之一左右。日冕是极稀薄的等离子体。

日冕含有三种成分，它们分别是发射冕（简称 E 冕）、自由电子散射冕（简称 K 冕）和行星际尘埃的散射冕（简称 F 冕）。这三种日冕的辐射总合就是在光学波段自然光（亦称白光）中观测到的日冕辐射。

K 冕辐射是日冕中自由电子散射（称汤姆逊散射）光球辐射的产物，所以辐射具有偏振性质。K 冕的光谱很相似于光球的光谱，只是没有暗黑的吸收谱线。因为日冕是高温等离子体，自由电子运动速度大，把吸收谱线展得很宽以致观测不到吸收线。K 冕辐射在距离太阳边缘 2 个太阳半径以内是日冕总辐射的主要成分，其亮度、大小和形状都与太阳活动的周期位相有关系。在太阳活动极大时期，K 冕的亮度较大，体积较大，形状较圆，而在太阳活动极小期则正相反。

E 冕辐射主要来源于日冕中物质高次电离的离子的能级跃迁产生的辐射，例如 13 次和 9 次电离的铁离子分别产生的著名的绿光与红光辐射。E 冕辐射集中出现在日心距小于 2 个太阳半径以内的地方。总的说来，E 冕辐射仅占日冕辐射的很小一部分，但在 E 冕辐射的波长处，在靠近太阳边缘的地方，E 冕辐射的强度占总辐射强度的相当大的部分。

F 冕辐射源自太阳附近行星际尘埃粒子的散射，其辐射的光谱完全类似于太阳光球，只是强度弱得多。严格地说，F 冕的产生属于行星际现象,而不是太阳本身的辐射现象。

对于日冕而言,我们也可以在球对称和静力平衡假设下求得它的模型,给出日冕温度、密度等参量随日心距 r 的变化,提供有关日冕的简化的背景知识。当然,这类模型都是在忽略日冕实际存在的种种高度不均匀结构的情况下得到的。

起源于太阳大气中的太阳活动

相对于太阳大气的宁静区域而言,太阳活动是发生在太阳大气中局部区域的异常现象,这些现象具有有限的时间过程。大部分太阳活动都是产生在某些特殊的区域,称为太阳活动区。这些区域具有相对强的磁场,有其发生、发展与衰亡的过程。这里我们主要介绍太阳大气的光球、色球与日冕中出现的种种太阳活动。

多种多样的太阳活动

对于形形色色的太阳活动,我们可以按照它们的尺度变化速度、运动速度或者释放能量的速度把它们分成两种类型,一种称为渐变型太阳活动,另一种称为爆发型太阳活动。前者主要包括光球层的黑子、光斑,色球层的谱斑、暗条(日珥),日冕中的冕洞、凝聚区和冕环等;后者主要包括涉及不只一个太阳大气层次的太阳耀斑和日冕物质抛射。

太阳黑子与光斑

太阳黑子是主要发生在太阳光球层的渐变型太阳活动,是光球中强磁场、低温度的局部区域。从大黑子的照片上可以看到大黑子有一个暗黑的核心部分,称为黑子本影,在本影四周围有由亮与暗纤维形成的黑子半影。把黑子本影和半影的亮度与日面中心的亮度相比,利用前面提到的斯忒藩—玻耳兹曼公式,就能分别求出黑子本影的有效温度是4200K,黑子半影的有效温度是5600K。

太阳黑子随着太阳的自转,每天从东向西移动一定距离。移动距离的多少与太阳黑子在日面上的纬度有关,这表明太阳大气的自转不是刚体性质的。这种自转速度与纬度有关的现象称做太阳大气的"较差自转",即低纬区域转速比高纬区域高,赤道区域转动最快,两极区域转动最慢。若对一个大黑子从日面东边移到日面西边的过程作连续观测就能发现,黑子在东边时黑子东边的半影大,黑子在西边时黑子西边的半影大,说明黑子在光球层具有"坑"似的形状,这称为威尔逊效应,见图1.7。

图1.7 黑子的威尔逊效应示意图

在黑子附近的光球区域常常能看到一片片微弱的亮区,称为光斑或光球光斑,其范围宽约5000~10 000km,长约50 000km。光斑由亮元或亮纤维组成,亮元的尺度约1″,寿命是几十分钟到数小时。光斑的亮元与小磁元位置相符,光斑实际上是小的磁流管的顶端在太阳光球面上的投影。光斑的上方就是色球层的光斑,称为色球谱斑或简称谱斑。

太阳黑子是强磁场区域,大黑子本影的磁场可强达几千高斯,黑子的变化代表了磁场强度与磁场结构的变化,影响和控制着黑子周围区域的物理状态。黑子连同周围的光斑、上方的谱斑等结构共同形成的一个活动区域,称为太阳活动区,黑子是活动区的核心"人物",在活动区演绎着种种太阳活动的故事,磁场不但控制着种种活动的生长与衰亡,而且在某些活动的联系上也起着关键作用。同时，黑子本身的形态变化也是由磁场的变化所决定。黑子随着光球处磁场的浮出而出现，随着磁场的瓦解与耗散而消失。小黑子的寿命只有几小时或更短，大黑子的寿命可长达百日或更长。

色球层的谱斑与暗条

如果我们在色球层发射的红光（中性氢发射的波长为 656.3nm 的光，简称 $H\alpha$）或紫光（一次电离 CaII 发射的波长为 393.4nm 的光，简称 K）观测太阳，常能在太阳活动区（黑子附近）看到较大面积的亮区，这些亮区分别称为氢谱斑（或称 $H\alpha$ 谱斑）和钙谱斑（或称为 K 谱斑）。谱斑的尺度有大有小，大的可达几十万公里。谱斑的亮度、温度均高于色球宁静区，磁场强度也比宁静区强很多。色球谱斑的细节呈现为直径 1″ 左右的米粒状亮点。谱斑位置常与光球光斑的位置相符，它们彼此有磁力线相联通，相互为延伸物。

谱斑周围有大量略长的暗纤维状结构，把谱斑区与色球宁静区分开。这些纤维往往表现出复杂但有序的排列，并且在黑子、谱斑等强磁场影响下改变排列队形。

在太阳色球层还可观测到暗黑的条状物，称色球暗条。当色球暗条出现在太阳边缘或随太阳自转移动到太阳边缘时，它们投影在较暗的天空上看起来就是亮的条状物，叫做日珥。色球暗条有两类：一类是出现在宁静区的宁静暗条，其形状长期稳定，体积较大，寿命可长到 2~3 个月，磁场强度由几至几十高斯，经常在两个磁极性相反的活动区之间或高纬地区，长度为 $6\times10^4 \sim 6\times10^5$ km，高度为 $10^4 \sim 10^5$ km，厚度为 $4\times10^3 \sim 1.5\times10^4$ km，温度约为 5000~8000K；另一类是活动暗条或称黑子暗条。它们的体积较小，磁场较高，约为几十到 200Gs，常出现在活动区中或黑子群附近，其特点是形状经常变化。

这两类暗条（日珥）都会突然的爆发。活动暗条的爆发常有太阳耀斑或日冕物质抛射相伴,宁静暗条的爆发常表现为体积的突然膨胀和上升。暗条爆发时,速度高的部分可能被抛向行星际空间,速度低的部分在太阳引力下会回落到太阳上。

冕洞、冕环和日冕凝聚区

冕洞是日冕中低密度、低温度区域,用可见光、远紫外线、软X射线和无线电波均能观测到日冕中的这种暗区。就磁场来说,冕洞基本上是单极性区。研究发现,从冕洞中有日冕物质高速流出,这种高速流与地球磁场相遇后会使地球磁场发生扰动。奇怪的是,在冕洞本身随太阳大气自转而移动时,无论冕洞跨度多大,它都是作近似刚体的移动,不出现明显的纬度较差自转。由于冕洞平均寿命可长到几个月,所以冕洞作为扰动地磁场的源具有重现性。

用X射线或紫外线(EUV)给太阳拍照片,能看到照片上无论是宁静区还是活动区到处是圆弧形物。因为只有百万度高温的日冕才能发射软X射线或远紫外线,这些圆弧状结构就体现了日冕中的不均匀状态,日冕并不是弥漫的均匀的气体状物质。这些圆弧状物称为"冕环"。在日冕活动区里,典型的冕环尺度是$10^3 \sim 10^4$km,宁静日冕区的冕环尺度更大,有的冕环甚至把两个较远的活动区连接起来。冕环实际上表现了磁力线在当地的走势,日冕中磁场的变化必然导致相关的冕环的形态变化,冕环是日冕活动的重要单元。冕环寿命范围是几天至2个月。

前文已经提及,在光球活动区的光斑之上是太阳色球活动区的谱斑。在谱斑的上方是日冕的凝聚区,它是由谱斑向上延伸的磁场约束的物质形成的,它是太阳活动区在日冕中的结构物,其形状完全由日冕磁场形状决定。凝聚区是日冕中物质浓密区,它的密度是宁静日冕区的几倍,因其是处于磁场中的等离子体,往往有无线电波的辐射。

至此,我们介绍了产生于太阳大气中的主要的渐变型太阳活动。关于爆发型太阳活动——太阳耀斑和日冕物质抛射,我们将在

第三章里作介绍。下面我们先谈谈太阳活动的观测问题。

太阳活动的光学观测

太阳活动光学观测的目的，主要是对我们感兴趣的观测对象作形态的和物理的研究。绝大部分太阳活动的光学观测都是在地面上进行的。太阳发射的 X 射线辐射和紫外及远紫外辐射被地球大气全部或部分吸收，在这些波段作观测必须使用高空火箭或人造卫星在空间进行。因此，在地面上对太阳的观测主要是在可见光波段内。按照观测手段和观测目的，当前地面上的太阳活动观测可分为三种：白光成像观测，单色光成像观测和光谱观测。我们将根据观测方法、观测设备和可能的观测目的对上述三种方法分别予以介绍。

太阳活动的白光成像观测

用一架普通的焦距比较长、口径比较大的单透镜望远镜就能在其焦点处形成一个较好的太阳像。为了防止阳光过强，还应该在光路中加上一个滤光片或有颜色的宽透过带的滤光片，以减弱阳光和减小色差。然后在太阳像处放置暗箱、照像胶卷和快门，就可以给太阳照像。这样获得的太阳像称为太阳白光像。在太阳白光像上可以拍摄到太阳黑子、太阳光斑。通过测量我们可以研究太阳黑子和光斑的形态、数目、面积大小和它们在日面上的分布。

用这种简单方法观测时，若望远镜的焦距为 1m，则太阳像的直径约为 0.9cm。若望远镜的焦距为 2m 则太阳像的直径约为 1.8cm。另一方面，望远镜的口径 D 决定了我们可以把观测对象看清到什么程度。如果口径 $D=10cm$，则望远镜在理想状态可以分辨的最小角度 δ 由下式近似确定：

$$\delta \approx \frac{\lambda}{D}$$

式中 λ 是滤光片透过的光的波长。若 λ 是在500nm附近,则可得 $\delta \approx 1''$（角秒）。也就是说,这架望远镜有能力分清太阳上相距 $1''$ 的两个点。理论上就能看到太阳光球光斑的亮元、较大的米粒和黑子的细节等。实际上最终能有多大的观测分辨力,还与望远镜放置的地点和位置有关,因为在地面上观测必然受到地球大气状态的影响。

图1.8是一张太阳白光像,或者说太阳光球像。

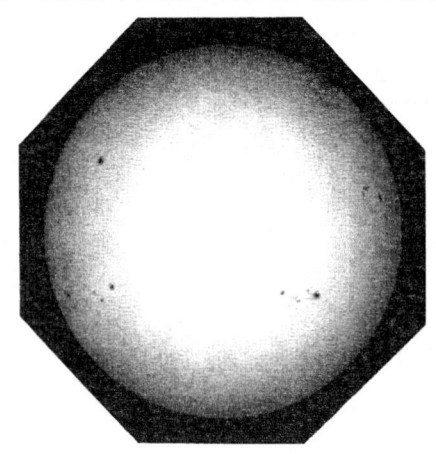

图1.8　太阳白光像,显示黑子群在日面上的分布

图1.9是太阳大黑子的白光像。从图上可以看到黑子的精细结构,很容易看到黑子的半影由亮纤维与暗纤维相间组成。

一般天文望远镜还要装上转移钟装置,太阳望远镜也不例外。转移钟带动望远镜镜筒转动以抵消地球自转的作用,使望远镜总能盯住太阳,保证观测正常进行。这样,太阳上的移动目标和随时间变化的现象都能被拍摄下来,便于测量。

太阳活动的单色光观测

太阳的单色光观测主要用于观测太阳的中层大气——太阳色

球层和观测某些太阳活动个体，如太阳耀斑和日珥等。太阳色球和耀斑等在可见光区的总辐射比太阳光球的总辐射弱很多，因此，在光球强大的辐射背景下我们观测不到它们。但是在太阳辐射的发射谱线波长处，其辐射强度可大于光球辐射。这种现象是由太阳光谱观测发现的，于是首先使用的方法是把太阳光谱仪的入射与出射狭缝同步移动，以便在色球或太阳耀斑等辐射的发射谱线处的很窄的波段内观测它们。这实际上就是在对这些客体作了单色光观测。这种方法的优点是，可以同时在多个发射线波长处进行观测，也能获得相关的光谱信息，缺点是不能同时获得全日面或整个观测客体的单色像。

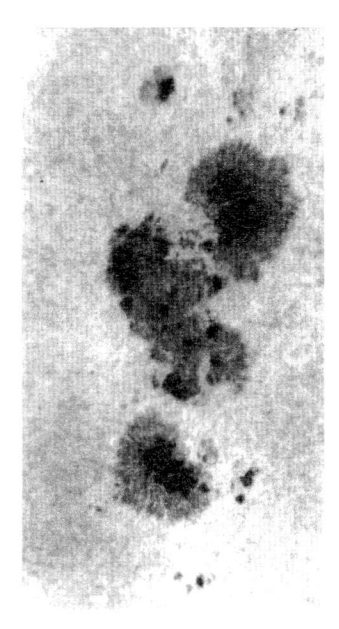

图1.9 大黑子的白光像，显示黑子的本影及半影的细节

1941年李奥发明了双折射偏振滤光器，使我们能对太阳作单色光大视场的观测，能同时获得太阳色球的全日面的像，可以同时观测完整的太阳色球耀斑或日珥等的形态。若在成像处配以电影拍摄机或摄像机，则可以记录色球或单个活动事件的活动过程。

当前世界上常规观测太阳的台站，大多装备有 $H\alpha$ 单色光观测仪，工作波长在 656.3nm，滤光器透过带的宽度一般为 0.05nm。也有的台站使用的 $H\alpha$ 望远镜的透过带很窄，达到 0.0125nm。

图1.10是一张全日面 $H\alpha$ 色球像，图上可以看到一块块的亮的 $H\alpha$ 谱斑和暗条等活动结构及活动区在日面上的分布。

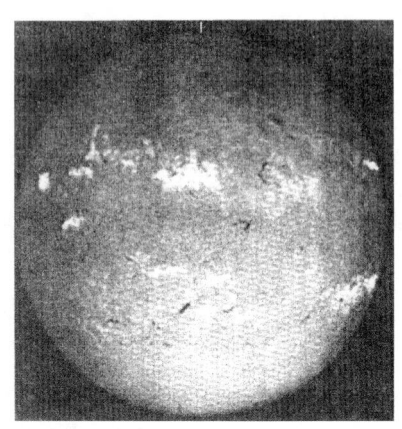

图 1.10　全日面 $H\alpha$ 色球像(美国大熊湖天文台拍摄)

图 1.11 是日面上活动区域的 $H\alpha$ 色球像,图中可以清楚地看到亮的谱斑、大的暗条和谱斑外围的纤维状组织以及光球黑子延伸到色球的部分——色球黑子。

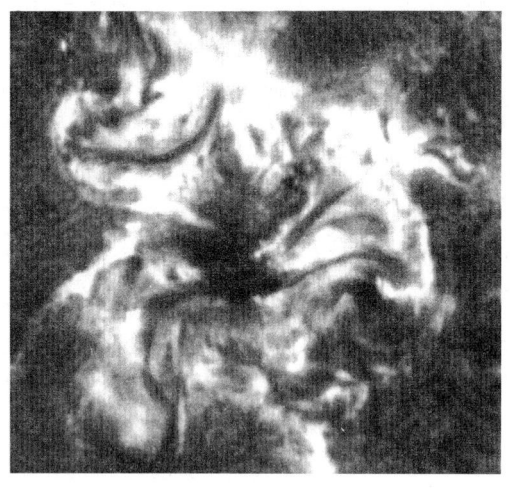

图 1.11　日面上活动区域的 $H\alpha$ 单色光像,
显示出谱斑、暗条、纤维及色球黑子等

太阳活动的光谱观测和磁场观测

太阳活动现象,例如太阳耀斑、日珥、谱斑等均产生有发射线光谱。观测活动现象的光谱可以研究活动现象的运动、热状态的物理参量以及它们随着时间的变化。因此,光谱观测是进行太阳活动研究的重要而又常用的手段。

现代太阳活动光谱观测设备中,色散元件都是光栅。为了得到活动现象各部位的清晰的大色散的光谱,常设计使用长距离的光谱仪,并且在光谱仪前使用大口径、长焦距的望远镜以便在光谱仪的入射狭缝上成出十分清楚的观测目标的像。

太阳光谱仪的另一个重要用途是测量日面上活动区或太阳黑子的磁场。从"塞曼效应"我们知道,处在磁场中的光源的光谱线会发生分裂,测量谱线分裂的大小可以算出光源处的纵向磁场强度。

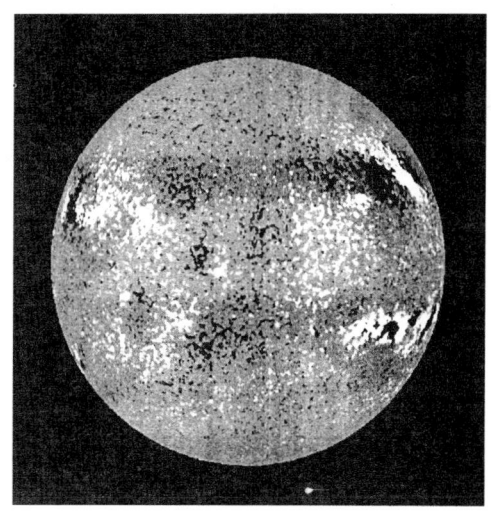

图 1.12 美国基特峰天文台观测的太阳光球日面磁场图
亮处表示 N 极性,暗处表示 S 极性

这种方法适用于发射线,也适用于太阳光球、太阳黑子等产生吸收线光谱的物体。图1.12是用这种方法测量得到的几群黑子的磁场图。

近几十年发展起了所谓视频磁场望远镜,把塞曼效应与偏振滤光器的使用结合起来,可以同时对大面积的光源作磁场观测。图1.13是中国科学院北京天文台的磁场望远镜对一群黑子及其附近区域的磁场观测图。

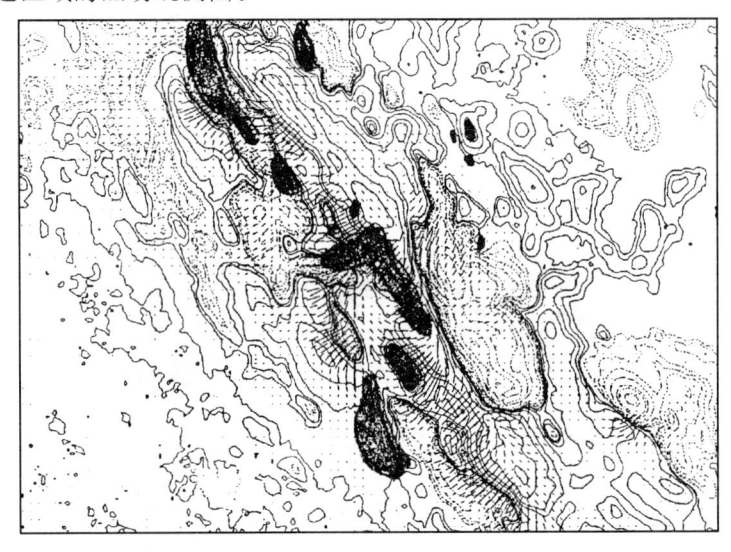

图 1.13 黑子群及其附近的磁场等强度线图
实线为 N 极性,虚线为 S 极性(取自中国科学院国家天文台)

太阳活动的射电观测

太阳射电观测把我们获取太阳信息的"窗口"大为扩展。太阳活动的射电观测基本上包括三个内容:单频率的太阳射电总流量密度观测,运动频谱的观测,太阳射电成像观测。

太阳活动的单频率射电流量密度观测

当太阳上发生射电爆发或者发生太阳耀斑伴随的射电爆发时,在某些射电频率(即无线电频率)处,太阳辐射的总流量密度会增长。总增长量减去爆发之前平静时的总辐射流量密度就得到了仅与射电爆发相关的净增长。净增长的大小与总的释放能量有关,净增长速度的大小则与爆发时释放能量的速度有关。通常对太阳的射电爆发作监测的波段是 10.7cm,3.2cm 和 20cm。

图 1.14 是与 1986 年 2 月 4 日一次太阳耀斑相伴的射电辐射在频率 9375MHz(约 3.2cm 波长)处的辐射流量密度随时间的变化曲线,峰值高达 1026 s.f.u.(流量单位,1 s.f.u = 10^{-22} W·m^{-2}·Hz^{-1})。

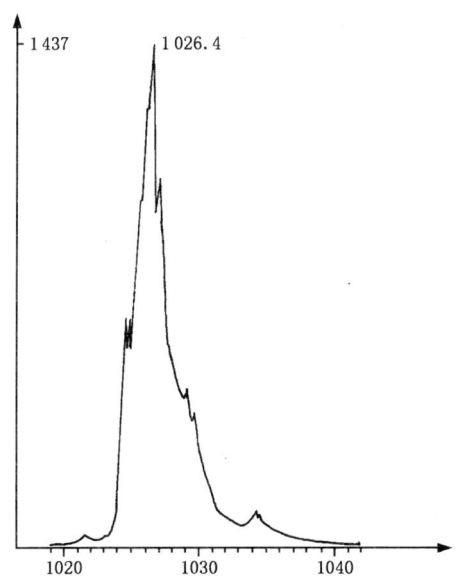

图 1.14　1986 年 2 月 4 日耀斑在 9375MHz 的辐射流量曲线
(云南天文台台刊　1990)

太阳的辐射很强,所以这种观测容易用一架小的抛物面天线(例如口径 2m 左右),接上一台接收机来实现。

太阳活动的运动射电频谱观测

射电频谱是指太阳射电爆发期间辐射流量随频率的分布,而运动射电频谱观测是指频率上是连续的、时间上也是连续的记录射电爆发的频谱。

要实现运动射电频谱观测,可以有两种方式。一种是用多个单频射电辐射计对太阳的射电爆发作同步观测。然后得到一个一个的射电谱。另一种是用扫频的办法,实现在时间上和频率上都是连续的获得射电爆发的频谱。这种频谱能使我们了解射电源的运动和源的物理环境以及它们随时间的变化。

太阳活动的射电成像观测

为了能确定太阳活动现象(例如太阳耀斑)的射电源的位置,甚至射电源的细节,以便研究活动现象的空间结构,有必要得到射电源在一定波长里的像。但是射电辐射的波长 λ 比可见光的波长长很多,要使射电成像望远镜具有较高的空间分辨能力,根据前面提到过的公式,就需要望远镜的口径(这里就是射电望远镜的天线口径)D 很大。例如,要使一架工作在米波的射电望远镜能有 2 角分(这比一架口径 10cm 的光学望远镜的分辨能力低大约 120 倍)的分辨能力,就要把天线口径做到约 1700m 之大。制造这样一架大口径望远镜来观测太阳活动,实际上几乎是不可能的。这项任务只有用相关干涉型射电望远镜来完成。相关干涉型射电望远镜的电波接收部分是由小口径接收天线布成的天线阵,接收机部分也比单天线射电望远镜复杂。

另一方面,较小口径的天线容易做到同步跟踪太阳,所以相关干涉型射电望远镜完全能够不间断地跟踪观测太阳活动现象,满足我们时间上连续监测太阳活动现象的要求。

图 1.15 是澳大利亚库尔戈拉(Culgoora)太阳天文台 1970 年 8 月 10 日到 11 日用米波日像仪观测到的一个太阳耀斑的射电源。图中含四个小图,是在四个不同时刻得到的四张射电源的像,图下部的半圆表示太阳光球的边缘。每张图下部的时间是世界时。射电源的相对强度以等强度线表示,观测用的频率是 80MHz(约为 3.8m 波长)。从图(a)到图(c)显示射电源的结构和位置随时间的变化,射电源的形状在太阳径向不断拉长,并且伴随着上升运动。

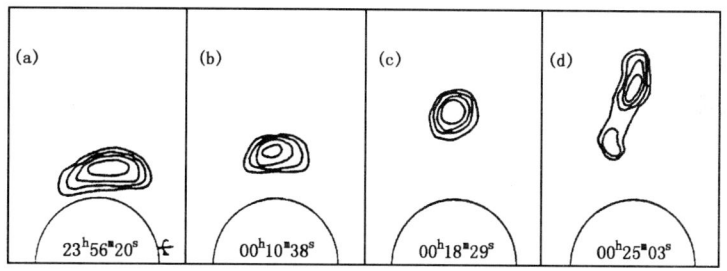

图 1.15　澳大利亚库尔戈拉天文台射电日像仪记录到的 1970 年
8 月 10～11 日太阳耀斑的 80MHz 射电源的移动和拉长
(a)～(d)为四个时间的源图
(Mclean,D.J.,and Loughhead,R.E.　1979)

太阳活动的空间观测

为了克服地球大气的屏障,需要把观测设备放在火箭或卫星上,观测太阳活动现象发射的远紫外、X 射线及 γ 射线辐射。近 20 多年这方面的进展很大,主要的工作集中于 X 射线领域。20 世纪 80 年代美国发射的 SMM 卫星(太阳峰年观测卫星),日本发射的 Hinotori(阳光)卫星和 20 世纪 90 年代日本发射的 Yohkoh(火鸟)卫星均携带有 X 射线探测与 X 射线成像观测设备。20 世纪 90 年代欧洲与美国联合发射的 SOHO(搜狐)卫星带有远紫外光成像系统。大部分观测的目的是测量太阳活动的软、硬 X 射线的流量密度和像的结构,以及它们随时间的变化。

流量密度的测量数据,可以用于爆发曲线的形态分析,用于作分类和分级以及总辐射能量的工作。而多个频道的流量密度测量则可以构成爆发谱,从事热与非热辐射机理的研究。太阳活动现象在软 X 射线波段和硬 X 射线波段的成像观测和这种像随时间的变化,有助于我们了解辐射源在日冕中的结构及其变化,有助于我们了解辐射源中热成分与非热成分的空间位置关系。因而 X 射线辐射源的成像观测,对于我们建立太阳活动现象的模型是必不可少的。

图 1.16 是美国空间环境中心的 GOES 卫星(地球同步轨道环境卫星)于 1991 年 6 月 10 日到 17 日一周内观测到的软 X 射线流量密度(以 $W \cdot m^{-2}$ 为单位)曲线。图中上半部的曲线是波段 1~8Å 的软 X 射线流量曲线,下半部的曲线对应于 0.5~4Å 波段。6 月 11 日到 15 日曲线上的几个较大脉冲是几个大的软 X 射线爆发。

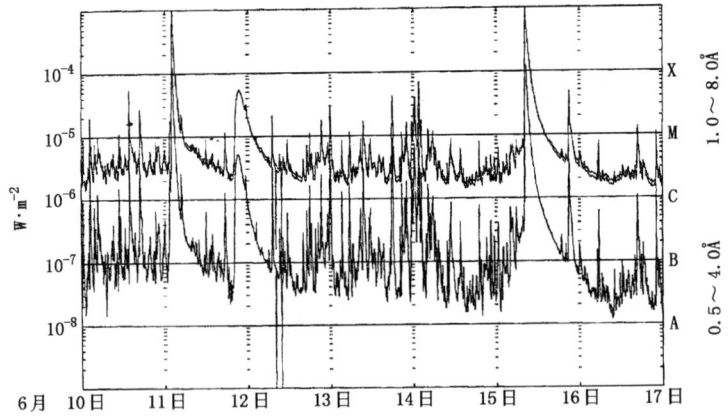

图1.16 美国GOES卫星的太阳软X射线辐射流量密度测量曲线(取自SGD)

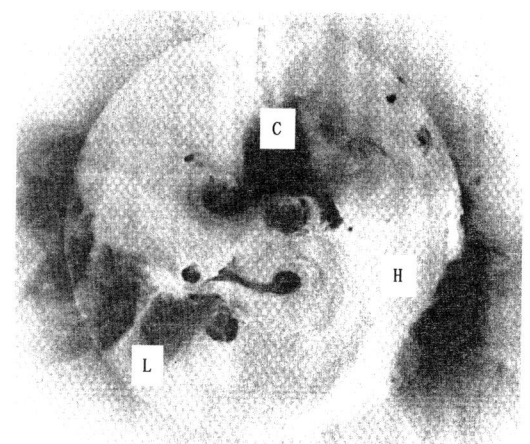

图 1.17　日本 Yohkoh 卫星拍摄的太阳软 X 射线图像
　　C、H、L 分别指示凝聚区、冕洞和冕环

第二章 太阳黑子

单个太阳黑子的一般性质

前一章中已经提及黑子是太阳光球中局部的低温、强磁场区域,又是太阳活动区的核心角色。对于黑子的进一步了解会有助于我们全面认识太阳活动。这里我们将首先介绍黑子的形态,然后介绍黑子内的流动、物理参量和黑子的磁场。

黑子的形态

单个黑子的尺度,在初生时只有2000km左右,而发展到最大时其尺度可达几万km。单个黑子的寿命短者约几小时到1天,长者可达几十天或者更长,能在日面上存在几个太阳自转周(一周约27天)。

黑子出现的第一步,是在光球米粒组织中产生一个小黑点,尺度只有 $2''\sim 5''$($1''=725km$)。小黑点的亮度比光球米粒组织中的暗处还要暗一些,但是比大黑子的核心处要亮一些。小黑点的寿命比光球米粒的寿命长很多,常常是几个小时看不出很大变化,甚至很小的小黑点的寿命也有几小时。

小黑点大约在出现半小时后,它的暗黑程度及尺度就和周围光球米粒有了较清楚的区别。遗憾的是,绝大部分小黑点不能发展成黑子。只有某些小黑点集团在一天左右形成为黑子。黑子出现后的第一天对它的成长是很重要的,因为这一天里黑子的磁通量的增长很快。与此同时,当小黑点的尺度增长到 $5''$ 以上,它本身就形成了黑子的核心部分,称为"黑子本影"。在本影的周围开始出现了灰暗的区域,此区域亮度超过本影,但暗于光球,称为"黑子半影"。通过半影的出现,小黑点显示出强烈的向黑子发展的趋势。于是,有的太阳物理学家就把有与无半影作为小黑点与小黑子的分界,出现半影作为小黑点过渡到或发展成黑子的标志。对于黑子细节的观测,告诉我们,黑子的半影实际上是黑子本影周围从里向外伸出的细的亮纤维与暗黑的背景形成的区域(见图1.9)。半影中的暗黑区域被众多的半影亮纤维分隔,也呈纤维状,也常称为半影的暗纤维。

黑子半影出现之前,先是黑子本影附近物质变暗,然后才有半影的亮纤维产生。反之,当黑子瓦解时,是黑子半影亮纤维先消失,而后整个半影区才渐渐转变成非扰动的光球区域。黑子半影的宽度约为 $1''$,比米粒还宽,寿命约几个小时。半影的长度与半影的大小和复杂程度有关,典型的半影亮纤维长度是 $10''$(7500km),都是由亮米粒或拉长的亮米粒组成的。

用"过度"曝光的方法,观测到无论大小黑子的本影全是由暗的本影米粒组成,本影米粒的暗黑程度不等。在本影与半影的交界处常可观测到组成半影亮纤维的亮米粒在本影的黑背景衬托下显得较亮。在黑子的本影中,特别是大黑子的本影中,经常有被亮桥"切断"的现象。高分辨力的观测表明,这种亮桥本身是由类似于半影亮条中的亮米粒一样的小亮元组成。实际上本影米粒的大小、形状、亮度都很弥散,它的尺寸大约为 $2.3''\sim 2.9''$。本影米粒的寿命大约是从十几分钟到 2.5 小时,比光球米粒的寿命(10min)要长得多。

一方面,黑子本影的亮度等强度线呈现出很不规则的形状,反映出黑子中磁通量向上流是很不均匀分布的。另一方面,黑子本影米粒有类似光球米粒之处,有向上的运动,说明它们是对流流动的表现,即使黑子本影磁场很强也未能完全约束黑子中的对流运动。

黑子中的物质流动、物态和磁场

我们知道,如果一个发出振动信号的源沿着我们的视线作运动,那么我们接收到的它的振动信号的频率就会与它发射的频率不同,这种现象称为多普勒(Doppler)效应。1909年英国人埃弗施德(Evershed)在印度的Kodaikanal天文台,利用黑子光谱线的多普勒效应发现了黑子半影中的物质流动,称为"埃弗施德(Evershed)效应"。他把望远镜对准日面边缘的太阳黑子,用光谱仪观测黑子的光谱线的位移所表示的谱线波长的变化,发现对于靠近日面边缘的黑子而言,它的接近日面中心方向的一侧的半影的暗区(暗纤维)中,光谱线的波长变短了;而在黑子的接近日面边缘的一侧的半影暗区中,光谱线的波长变长了。这种现象说明,有物质在黑子中从黑子的本影与半影的交界处向半影与光球交界处流动,即从黑子向外流动。这种流动是平行于日面方向的,在太阳上就是水平方向的流动。流动从黑子的本影与半影交界处开始,流动在半影中达到最大速度——每秒约2km。进一步利用来自不同深度的不同光谱线作类似的观测,结果得知,Evershed流动在深层流速最大,越往上流速越小,直到光球表面时流速为零。再往上到了色球层,流动的方向反转,由半影与光球的交界处向黑子本影区流动。一般认为,这种流动是物质在磁流管中受到磁流管两端的压力差的作用而做的沿着磁流管的运动。

黑子中的物理参量可以通过把黑子与光球相比较的方法来获得。用这种方法,我们在第一章中导出了黑子本影与半影的有效温度分别是4200K与5600K。用比较的方法还可以获知,黑子中的电子压力只是光球中电子压力的2.5%,可见黑子中的物质密度大大低于光球。根据黑子的辐射测量和光谱测量,还可以推导出黑子本影中温度、密度和压力随着高度的变化。这类工作虽然属于给黑子建立模型的工作,但是有助于我们定性地认识黑子的状态。图 2.1 给出黑子本影的温度随高度的变化和光球温度随高度的变化曲线。比较这两条曲线可知道,若以光球底部为零高度,则从光球底往上到高度为大约 800km

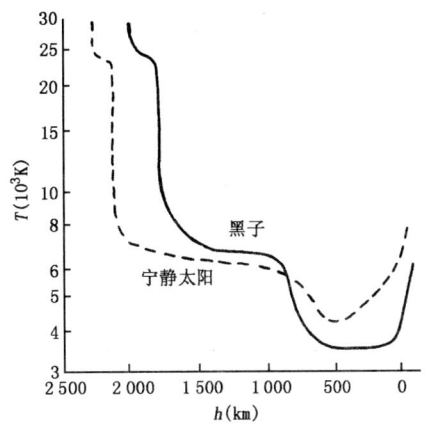

图 2.1 黑子本影温度与宁静太阳温度的比较

(林元章 2000)

处,黑子本影的温度均低于宁静太阳的温度。从 800km 开始以上,黑子本影的温度均高于宁静太阳。

太阳活动现象中,太阳黑子具有最强的磁场。磁场的浮现、发展与变化控制着黑子的发生与演化。同时,黑子的变化又控制着它周围的地区——活动区中活动的发生、发展与衰亡。

黑子磁场的测量是借助于"塞曼(Zeeman)效应"进行的。塞曼效应是指处于磁场中的光源发射光的谱线发生分裂。反之,测量磁场中光源所发射谱线的分裂量,就可推算出光源所处的磁场强度。黑子本影处的磁场强度与黑子面积有关,面积越大磁场越强。大黑子本影中心磁场可强达约 4000Gs,向外逐渐减弱,到半影与光球交界处降至 1000~1500Gs。据统计,只有约 20% 的黑子磁场强度大于 2000Gs,约有 5% 的黑子磁场强度超过 3000Gs。

假若黑子的面积为 S(以太阳半球面积的 10^{-6} 为单位),那么黑子的最大磁场强度 B_m(以高斯为单位)可由下式算出:

$$B_m = \frac{3700S}{S+60}$$

这个经验公式适用于大多数黑子,它们的最大磁场强度小于3700Gs。

对于黑子磁场由中心向外减弱的情况,也有许多经验公式定量的给以近似表示。下式是经验公式之一:

$$B(\rho)=B(o)(1+\rho^2+\rho^4+\rho^6)^{-1}$$

式中 ρ 为距黑子中心的距离(以黑子半径为单位),$B(\rho)$ 是 ρ 处的磁场强度,$B(o)$ 是黑子中心的磁场强度。$\rho=1$ 表示离黑子中心的距离正好等于黑子半径,那里正是黑子的半影与光球交界地,该处的磁场强度依上式算出为 $B(1)=\frac{1}{4}B(o)$。

由于日面上黑子常成群出现,群中磁极性也常混杂一起,因而黑子磁力线的走向必定是复杂的。对于一个单极性的简单的黑子,它的磁场分布较简单,磁力线走向在理想情况下应该是规整的喇叭口形。黑子中轴线处磁力线垂直向上,到光球表面之后即向周围散开。从侧面看,黑子磁力线具有扇形的分布。下列经验公式常被用来表示黑子的磁力线分布形状:

$$\varphi=0.75\cdot\frac{\pi}{2}\rho$$

上式中 φ 为磁力线与黑子轴线的交角,ρ 是距黑子轴线的距离(以黑子半径为单位)。由上式可知,当 $\rho=0$ 时,即在黑子轴线上,磁力线顺着轴线。而当 $\rho\rightarrow1$ 时,即在黑子边缘处,磁力线与轴线的夹角趋向 67.5°。这一公式对于离黑子轴线更远处是不适用的。

黑子一生中,磁场强度在初生期增加很快,接着是较长的保持磁场强度基本不变的时期,最后是磁场渐渐的消失期。

黑子的群居性与黑子群的形态分类

人类观测太阳黑子已有很长的历史。早期是靠目视,1611年欧洲人开始用望远镜观测黑子,使我们能分辨清楚黑子在日面上存在的状态。有些天文台有长久的黑子观测传统,作了很多黑子形态的研究。一个容易发现的事实是,太阳黑子具有很强的群居性,几乎在任何时候多数黑子都是群居的。

黑子群在刚开始出现于日面时,可以是少量几个或者一个小黑点,但发展起来后就包含了十几个或几十个大大小小的黑子。一群黑子的寿命往往比群中大黑子的寿命要长,因为黑子群的寿命是从该群第一个黑子出现计起,直到最后一个小黑子消失为止。就太阳上一定时期里出现的总的黑子群而言,大约一半以上的黑子群的寿命短于 2 天,百分之九十或更多的黑子群的寿命短于 10 天左右,寿命越长的黑子群数目越少。长期的黑子观测还告诉我们,黑子群的寿命主要决定于它在一生中达到的最大面积。前节提到过,黑子的磁场与面积之间有强烈的相关性,因之其寿命主要决定于它达到的最大磁场强度。

一个典型的黑子群从开始初生到消亡,要经历一个过程:黑子群的初期总是一个或几个小黑点,一两天后有的小黑点消失了,有的小黑点长大了,新黑点也出现了。再过一两天黑子群显示东西方向的拉长或是由东西两部分组成的样子。其中西边的部分按照太阳从东向西自转的方向位于前面,称为黑子群的前导部分,东边的部分称为黑子群的后随部分。前导部分的主要大黑子比后随部分的主要大黑子先长出半影,而且渐渐地在前导黑子与后随黑子之间出现了几个或多个小黑子。这时用测量磁场的仪器能测出前导黑子与后随黑子有相反的磁极性,显示出黑子群具有偶极性质。此后一些天里,黑子群可能变得更复杂,小黑子更多,有的小黑子长出了半影,大黑子的半影里可能包含了两个或更多个本影,这些本影可能是同极性,也可能是异极性。随着磁场强度与黑子面积的增加,全群所占的跨度不断加大,到第 10 天左右,黑子群面积达到最大。在黑子群发展到鼎盛时期及其前后,黑子群附近的色球或日冕中常会有爆发现象出现。爆发的程度和次数多少与黑子群的大小及结构复杂程度关系密切。极盛期后,黑子群进入了衰亡期。这时,黑子群中黑子数在减少,面积在减小,磁场强度下降,磁场结构简化,虽然也会偶有爆发,其势已弱。黑子群的整个衰亡期要比极盛之前的发展期长得多。

为了更好地了解太阳黑子群的活动特性,为了方便研究工作,也为了方便日地物理界对黑子观测资料的使用,多年前就开始了黑子群的分类工作。1938年瑞士苏黎世天文台的瓦尔德迈尔(M. Waldmeier)基于黑子群演化过程中可能有的阶段性特征,提出了一个黑子群分类方法,后来称之为黑子群的苏黎世分类。他把黑子群共分成九个类型,依下列定义来区分:

A型:单个小黑点或小黑点群,还没有偶极结构;

B型:显出有偶极结构的一群小黑点;

C型:有一个黑子有半影的双极群;

D型:主要的几个黑子都有半影的偶极群,在主要的黑子中至少有一个具有简单结构,且全群的长度小于10个日面经度;

E型:两个主要黑子全有半影的大的复杂的偶极群,在主要黑子之间有多个小黑子,且全群的长度$>10°$;

F型:一个很大的偶极的或更复杂的黑子群,其长度$>15°$;

G型:长度$>10°$的大偶极群,但主要黑子之间没有小的黑子;

H型:有半影的一个单极黑子,该黑子的直径$>2.5°$;

I型:有半影的一个单极黑子,且黑子的直径$<2.5°$。

很显然,这种分型是一种演化分类。大的黑子群在其一生中会经历所有这九种类型,一个中等的黑子群或小黑子群就不会经历E、F型。同时,不论大小如何,每群黑子都从A型开始,终结于A型。

当前在与太阳活动有关的领域,比较通用的黑子群的分类是麦克因托什分类。麦克因托什(Macintosh)首先对原有的楚里士黑子群分类做了一些修改,然后增加了反映黑子群中最大的黑子半影及形状的内容和反映偶极群中两个主要黑子之间的小黑子情况的内容。麦克因托什的黑子群分类于1972年提出,经过20多年的实用已被日地物理工作者广泛接受。

麦克因托什黑子群分类是用三个字母表示黑子群在三个方面的特征,用三个字母来给黑子群分类型。现将麦克因托什黑子群分类法中各字母的含义叙述如下：

1. 第一个字母表示一群黑子的整体特征，其中单极群是指以一个黑子为主的黑子群，偶极群是指一群黑子中有两个主要的黑子分别出现在该群的前头(西部)和后头(东部)。分类时首先选用下列字母中的一个，字母的具体意义是：

A——无半影的单极黑子群，群中所有的黑子均无半影；

B——偶极黑子群，群中所有的黑子均无半影；

C——偶极黑子群，在该群的一端的黑子有半影，大多数情况下，半影是围绕着前导黑子的本影的；

D——东西两端的主黑子(每一端的最大黑子)都有半影的偶极黑子群，但全群在日面上的经度跨度小于 10°；

E——东西两端的主黑子都有半影的偶极群，全群在日面经度上的跨度在 10°～15°之间；

F——东西两端的主黑子都有半影的偶极群，全群在日面上的经度跨度大于 15°；

H——有半影的单极黑子，包括从原有的偶极群衰退剩下的前导部分的主黑子。

2. 第二个字母表示黑子群中最大黑子的特征，分类时，根据群中最大黑子的形态确定下列字母中的一个，字母的具体意义是：

x——黑子群被分类为 A 或 B 的情况下，群中最大黑子无半影；

r——黑子群中最大黑子只有不完整的半影；

s——黑子群中最大的黑子在南北方向(即沿经线方向)的直径≤2.5°，有发展比较好的对称的半影；

a——群中最大黑子在南北方向的直径≤2.5°，但它的半影是不规则的不对称的形状，半影中包含的几个本影呈分开的状态；

h——群中最大黑子具有对称形状，其南北向的直径＞2.5°；

k——群中最大黑子具有不对称形状(相似于 a 类型)，但是其南北向直径＞2.5°。

3. 第三个字母用以区分黑子群中黑子的分布，把偶极黑子群

分为开放型,中等类型及致密型三种,字母的定义如下:

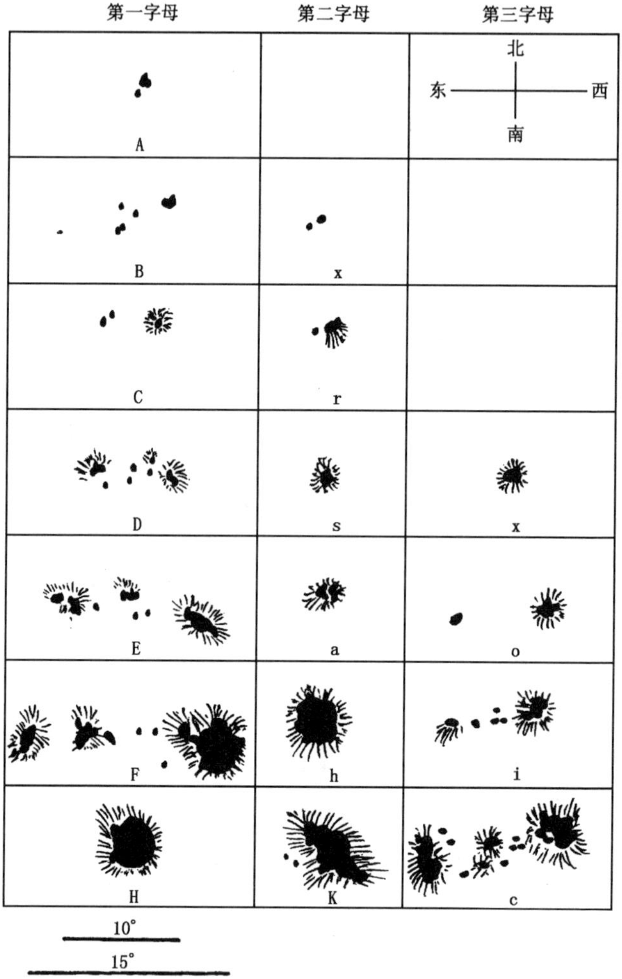

第一字母	第二字母	第三字母
A		北 东—西 南
B	x	
C	r	
D	s	x
E	a	o
F	h	i
H	K	c

10°
15°

图 2.2 麦克因托什黑子群分类法示意图

(王家龙 1999)

x——第一个字母已确定为 A 或 H 的黑子群,其第三个字母取为 x;

o——开放型黑子群,该群的前导与后随黑子之间只有少量的小黑子;

i——中间型,在该群的前导与后随黑子之间有很多的小黑子,但均无半影;

c——致密型,该群的前导与后随黑子之间有多个强黑子,其中至少有一个黑子有半影。

举例来说,有一群黑子,它的东西两端的黑子(即后随黑子与前导黑子)都有半影,全群在日面上的经度跨度$>15°$,又群中最大黑子具有不对称形状,直径沿南北方向$>2.5°$,且整群是一个致密群,前导与后随黑子之间有多个有半影的强黑子,那么,该群黑子的麦克因托什类型为 Fkc。

黑子群的磁分类

磁场的强弱和磁场极性是黑子的重要参量,磁场的存在和磁场强度变化及磁场位形的变化通过黑子群控制着太阳活动区的发展,因此分辨活动区中黑子群的磁场特征对于我们认识黑子群和研究太阳活动区具有重要作用。1908 年海耳(Hale)开始在美国威尔逊山天文台从事太阳黑子磁场的观测工作,1919 年海尔和他在威尔逊山天文台工作的同事提出了最早的黑子群的磁场分类,其后经过少量补充而形成了今日的简单、实用的黑子群的磁场分类方法。

威尔逊山黑子群磁分类的基本思想是,黑子群一般总包括有磁极性相反的两部分,这两部分中每一部分可能包括一个或多个黑子。这种偶极(或称双极)黑子群的概念,构成了该分类的基础,认为其他种黑子群类型都是偶极类型派生出来的。下面介绍黑子群磁分类的具体方法。

单极群:用字母 α 代表,这类黑子群含有一个或多个磁极性相同的黑子,但允许这些单极黑子偶然有小的反极性黑子相伴,这些小的反极性黑子对于分类没有什么影响。单极类型又被分成 3 种

亚类型,它们是:

α——在黑子群之前和之后有对称的谱斑的单极黑子群;

αp——在黑子群之后跟随有拉长的谱斑的黑子群,也就是说该单极群具有偶极群的前导部分的极性;

αf——在黑子群之前存在有拉长的谱斑的黑子群,也就是说该单极群具有偶极群的后随部分的极性;

偶极群:用字母β代表,群中包含有两个相反极性黑子的黑子群,它的亚类型是:

β——黑子群的前导与后随黑子有相近的面积;

βp——前导部分具有较大磁通量的偶极黑子群;

βf——后随部分具有较大磁通量的偶极黑子群;

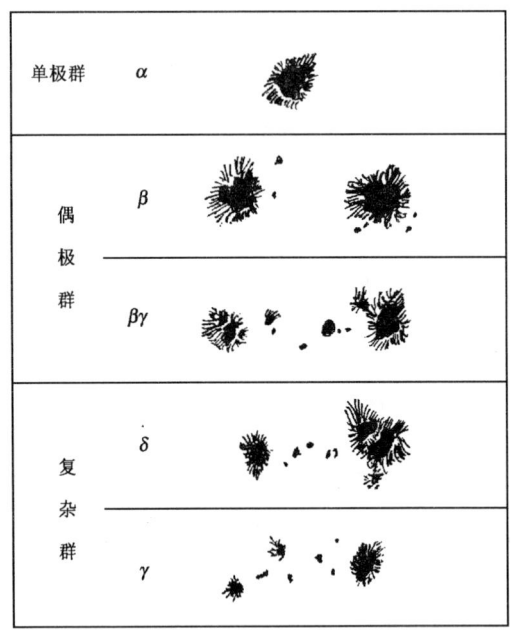

图2.3 黑子群主要磁分类示意图

(Bray,R.J.,and Loughhead,R.E. 1979)

βγ——一个黑子群有明显的双极群特征,但不能用一条简单的线把不同极性黑子分开;

复杂群:有两个亚类型,分别用字母 γ 和 δ 代表:

γ——黑子群中相反极性的黑子交错纷呈,不能归为偶极群的黑子群;

δ——复杂的黑子群,其特点是有的黑子半影中包含了相反磁极性的本影。

γ 与 δ 型黑子群仅占黑子群总量的一小部分,但是它们常常是最活跃的黑子群,以这种黑子群为核心的活动区往往产生数目较多和规模较大的爆发活动。图 2.3 是黑子群主要磁分类示意图。

太阳黑子活动的周期性

我国有最早的系统目视黑子的观察记录,其中最早的一条是公元前 28 年(汉朝成帝河平元年)5 月 10 日所记"日出黄有黑气大如钱居日中央"。人类观测黑子至少已有两千年以上的历史。欧洲人 1611 年开始用望远镜观测黑子,近 400 年来,全世界的有关天文台已经积累了大量的黑子资料和大量有关黑子的知识。

1843 年德国人施瓦贝(H. Schwabe)根据几十年的黑子记录指出,太阳黑子的出现可能有 10 年的周期。1851 年他发表了他的黑子记录,清楚地证明了黑子出现的周期性。1848 年瑞士天文学家沃尔夫(Wolf)建议用一个称为"黑子相对数"的量来表示太阳黑子的活动水平。用每天观测到的日面上的黑子群数与黑子个数,经由下式计算出每天的黑子相对数 R 的数值。

$$R = K(10g + f)$$

式中 g 与 f 分别为群数与个数,K 是与观测者和观测条件有关的系数。黑子相对数也称为黑子的"沃尔夫数"或简称为"黑子数"。黑子相对数的提出,为黑子的统计工作规定了一个共同使用的统计量,为反映太阳黑子的活动水平提出了一个共同应用的衡量办法。至今日地物理界或某些应用部门还常用每天的黑子数、每月的黑子数平均值和每年的黑子数的年均值作为年、月和日的黑子活动水平的代表。

如果我们根据每天的黑子数计算出黑子数的月均值,并且以这些值为纵坐标,以这些值对应的年月为横坐标画成图,就可以看出黑子数是个有准周期性的时间序列。图2.4中画出了1950年到2001年黑子数月均值随时间的变化曲线。

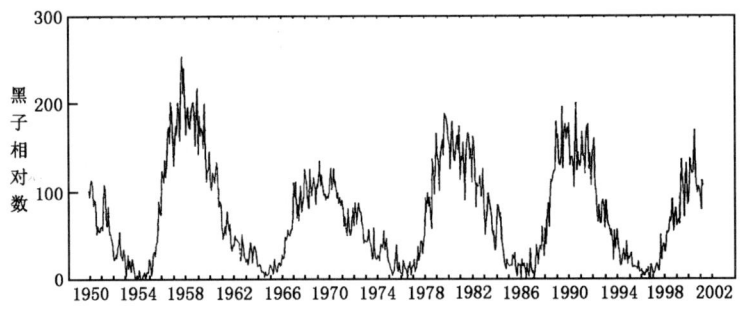

图 2.4　黑子相对数月均值随时间的变化(取自 SGD)

从图 2.4 我们可以看出,黑子数的变化确实有 11 年左右的周期。还能看出,各个周的长短是很不一致的;各个周的最大黑子数和最小黑子数也是不相同的;各个周的黑子数的变化曲线的形状更是互异的;各个周的黑子数的上升时间(称上升相)比自己的下降时间(称下降相)要短。太阳工作者把太阳黑子相对数的周期变化中的每一个周,称为一个黑子周或太阳周。

为了分析太阳黑子数的长期变化,更清楚地研究长期变化的周期特性,日地物理工作者对黑子数月均值再次作较长时间的平均,得到的新平均值称为太阳黑子数平滑月均值。黑子数平滑月均值随时间的变化中没有图 2.4 的周期曲线上出现的那些小起伏,只显出了较长期的变化情况。国际上统一规定,第 i 个月的黑子数平滑月均值 $\overline{R}_i$,由其前 6 个月和其后 6 个月共计 13 个月的月均值

$R_{i-6}, R_{i-5}, \cdots, R_{i+6}$ 依下式计算：

$$\overline{R}_i = \frac{1}{12}\Big[\frac{1}{2}(R_{i-6} + R_{i+6}) + \sum_{i-5}^{i+5} R_j\Big]$$

依据这样算出的太阳黑子数平滑月均值，国际上规定，以1755年黑子数平滑月均值出现的极小月份作为第一个太阳黑子周的开始，给每个周一个排号。这样排起来，1986年9月到1996年10月是第22太阳黑子周，从1996年10月开始第23周，现在我们正处于第23太阳黑子周的下降期。

近期有研究工作者用现代数学方法分析黑子数的时间序列，不仅再次确认了黑子数变化的11年、80年及更长的周期，而且指出了这些周期的变性，各种周期的强度是随时间而变的。

黑子群在日面上的分布规律

黑子群在日面上的分布是不均匀的，这种不均匀性遵从一定的统计规律。因而太阳活动区在日面上的分布及与活动区有关的太阳活动的分布也是不均匀且遵从一定规律的。下面我们介绍太阳黑子群在日面上的纬度分布规律和黑子群的磁极性在日面上的分布规律。

黑子群在日面上的纬度分布

很早以前人们已经知道，黑子群主要出现在与太阳赤道平行的南北两条纬度带上，绝大部分黑子出现在南北纬35°之间。在纬度40°以上，5°以下只有少量的小黑子，寿命很短，但是在纬度75°以上确实观测到了黑子的小黑点。实际上，黑子主要出现在太阳南北半球的纬度5°～25°之间。

英国人卡林顿（Carrington）总结他自1853年至1861年的黑子观测记录，发现黑子在日面上出现的纬度的平均值是随着时间变化的，从一个太阳周的开始到该太阳周结束，黑子纬度的平均值逐渐变小。德国人斯玻尔(Spörer)进一步分析了卡林顿的发现,得到了太阳黑子群在日面纬度上的分布所遵从的规律是:太阳周开始时,黑子群一般都出现在纬度30°～35°左右;随着黑子数的增加,黑子群出现的平均纬度降低;当黑子数达到极大值时,黑子群的平均纬度在±15°纬度;当太阳周结束时,黑子群的平均纬度在±10°以下,约±8°;应该提及的是,在这个太阳周结束之前,下一个太阳周的黑子群在这个周的黑子完全消失之前,就已经出现在高纬地区,开始了新的一周。因此新老太阳周有一个同时存在的过渡时期。

上述的定律也称为斯玻尔定律。

若以黑子群的纬度为纵坐标,以时间为横坐标,画出黑子群纬度随时间的变化,就能形象地给出斯玻尔定律。图2.5画出了1940年至1996年黑子群纬度随时间的变化。这种图看起来像一串伏在赤道上的蝴蝶,常称为"蝴蝶图"。

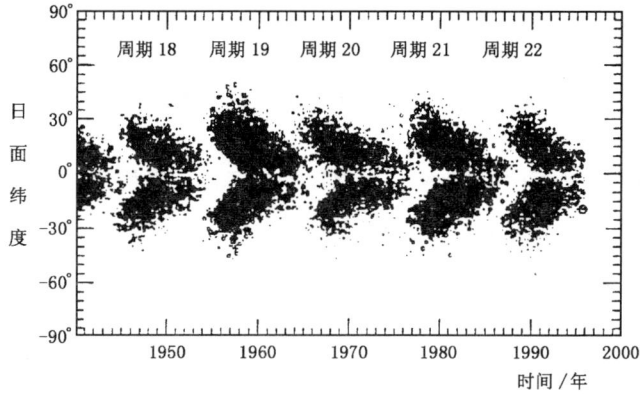

图2.5 黑子群的纬度随时间的变化——"蝴蝶图"(取自SGD)

黑子群的磁场极性在日面上的分布规律

海耳和他在威尔逊山天文台的同事成功地开始了黑子的磁场观测之后,经过了大约3个太阳黑子周的资料积累,他们认识到偶极黑子群中磁场极性分布及其变化有一定的规律性。尽管他们发现的规律是适用于偶极黑子群,但是偶极黑子群占了黑子群总数的80%以上,这种规律有相当大的实用意义。

这个规律的内容是:

• 日面上的偶极黑子群中,前导黑子的磁极性总是与后随黑子的磁极性相反;南北两半球中,每一个半球上的偶极黑子群的前导黑子的极性全相同,后随黑子的极性也全相同。

• 南北两半球的偶极群的磁极性分布是相反的,如图2.6(a)。

• 每一个太阳黑子周的偶极黑子群的磁极性分布,从该太阳周开始到结束,一直保持不变;相邻两个太阳周的偶极黑子群的磁极性分布是相反的,如图2.6(b)。

在图2.6中画出了相邻两个太阳周中偶极黑子群磁极性的分布。值得指出的是,太阳赤道像是一条分界线,把南北两半球的偶极黑子群的磁极性分布的情况断然分开,即使南北半球的两群黑子在赤道附近靠得很近,它们也遵守上述规律,例外很少。由此可以得出,太阳黑子磁场变化的周期为22年,称为太阳的"磁周期",也称为"海耳周期"。

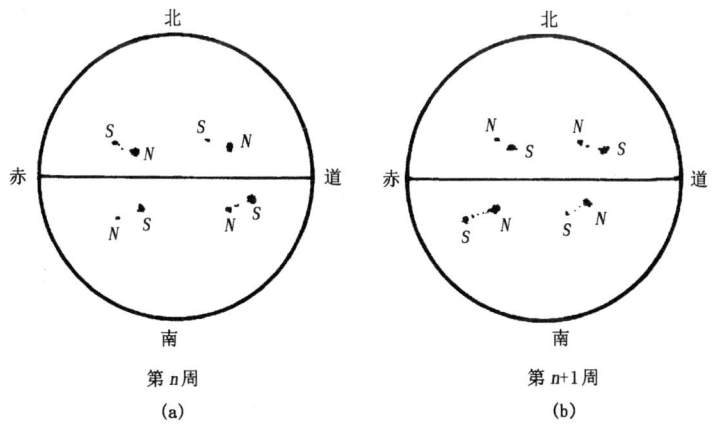

图2.6 偶极黑子群中黑子磁场极性随太阳周的变化

巴布柯克—莱顿学说

几百年的黑子与黑子群的形态观测,几十年的黑子磁场观测,到了20世纪40年代,太阳工作者已经了解了不少的黑子观测性质和黑子及黑子群的行为规律。与此同时,也积累了许多有趣的问题。例如,太阳周是怎样形成的?黑子群的产生为什么遵从斯玻尔定律?黑子群的磁场极性分布与变化为什么遵从海耳定律?凡此种种都极大地吸引了太阳研究者的极大兴趣。

20世纪50年代美国天文学家巴布柯克(Babcock)的高精度太阳磁像仪,可以测量太阳光球微弱的磁场。使用这种观测设备,经几年观测,他发现了太阳南北极区有微弱的磁场存在,而且磁场的极性相反,这种极区场在太阳黑子周的极大年附近变换极性。他还发现,大多数的偶极磁场活动区的磁通量大致平衡,活动区的磁场减弱主要依靠磁扩散的方式,存在有黑子群的前导部分磁场向赤道区扩散,而后随部分的磁场向极区扩散的趋势。受这些观测发现的启发,以这些观测为基础,巴布柯克于1961年提出了关于太阳黑子活动及太阳黑子周起源的模型。该模型后经太阳物理学家莱顿(Leighton)补充修改,成为了普遍接受的一种关于太阳周形成的学说,可称为巴布柯克—莱顿学说。这个学说的主要内容是:

• 太阳内部导电流体的流动会产生磁场,这种磁场不应很快被衰减或消失。在太阳黑子周开始之前,在太阳相对浅的层内有南北方向的磁场存在。磁力线在低纬度区埋藏较浅,在高纬度区埋藏较深。磁力线沿着太阳经度线的走向把太阳南北极区连接起来。磁力线从一个极区穿出来,经过太阳体外的空间从另外一个极区穿入太阳,形成一条条无头无尾的环状结构,如图2.7(a)所画。

• 在磁力线存在的这层,太阳物质有较高的导电性,并且不停地运动。在这种物理条件下磁力线不能任意运动,只能与物质一起运动。物质也不能横穿磁力线,就像磁力线与物质"冻结"在一起

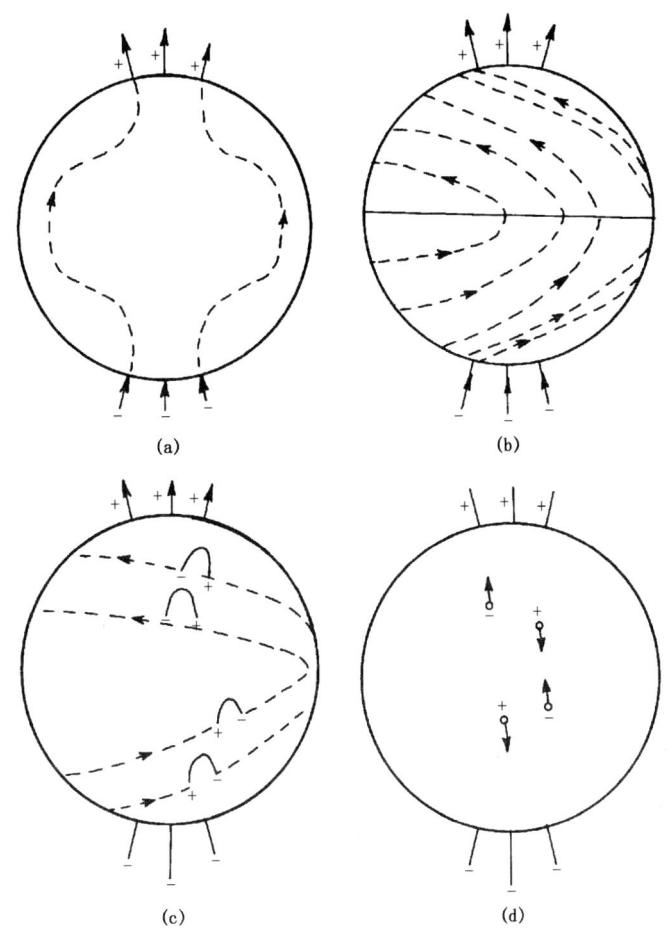

图 2.7 巴布柯克—莱顿学说示意图
(a)太阳内的原始偶极场,(b)较差自转使磁力线缠绕,
(c)磁力线上浮形成一对对黑子,(d)偶极场变向

一样。运动使磁力线如同橡皮筋一样被拉长,磁场强度也随之增加。我们知道,太阳表层在赤道区转动得快,纬度越高转动得越慢(称为较差自转)。所以这种较差自转在携带着磁力线运动的同时,

也把磁力线从垂直于赤道的南北方向拉向赤道方向,如图 2.7(b)所示。时间越长,磁力线缠绕的圈数越多,相应地区的磁场也就越强,见图 2.7(b)。

• 太阳的较差自转使高纬区域比低纬区域有更强的磁场,然而磁力线会受到各种杂乱因素的干扰,使磁力线在某些区域更密,磁场更强,因此受到的磁浮力越大。当浮力大于重力时,磁力线就会随同物质上浮,磁力线穿出光球,浮到光球表面,如图 2.7(c)所画,于是就出现了一对黑子。

这样,就解释了偶极黑子群的形成,解释了黑子群从高纬到低纬出现的次序,也解释了南北两半球上偶极群黑子极性分布相反的事实。

• 太阳黑子周开始时,在高纬区先浮出磁力线束,浮出的磁力线束数量少,黑子数也少。随着黑子周的推进,浮出来的黑子越来越多,达到黑子数的极大之后,黑子数逐渐减少。在黑子周的前半周里,高纬度的偶极群的后随部分逐渐向极区扩散,因其与所在半球极区的磁极性相反,就不断与极区磁场中和而使极区磁场减小。在黑子周的黑子数达到极大时,极区磁场被全部中和,开始了极区的极性反转,如图 2.7(d)所示。

巴布柯克—莱顿学说确实解释或说明了太阳黑子周的一些特征与规律,但是它仍有许多需要补充与完善的方面。例如,太阳光球之下各层是怎样自转的,不同的自转会带给太阳黑子周怎样的影响,为什么有时在长达几十年的时间里很少观测到黑子,为什么不同的太阳黑子周会有很大的多方面的差异,太阳活动以太阳周的形式存在能维持多久,等等。

第三章 太阳风暴

太阳耀斑

前面我们介绍了种种渐变型太阳活动,现在我们讨论爆发型太阳活动中的太阳耀斑。爆发型太阳活动包括有太阳耀斑、日冕物质抛射、爆发日珥、日浪等内容,其中太阳耀斑与日冕物质抛射是规模最大、对地球环境影响最严重的两种。与渐变型太阳活动相比,爆发型太阳活动在尺度变化速度、运动速度或释放能量速度上都比渐变型快得多,更具有爆发的字义。例如,我们已经知道,黑子是一种渐变型太阳活动。1989年3月出现的一群罕见的大黑子群,根据观测得知它从3月6日出现在日面东边缘,其面积在13日达到最大值3620面积单位,即使以6日的面积为零计算,其面积增长率不过每小时22单位。又如,冕洞这种渐变型太阳活动,一个面积达1/8个太阳半球面积的大冕洞,若其寿命为5个太阳自转周,其面积变化率平均不过约77面积单位/h。然而一个爆发型太阳活动,如耀斑,其面积变化率可达每小时1000

单位。

应该指出的是,耀斑释放的能量虽多,与整个太阳辐射的能量相比依然是个相对小的量。一个大耀斑在其两个小时的寿命中,释放电磁能量可达 1×10^{25} J,约相当于 32 座发电能力为百万千瓦的电厂在 1 千万年里的发电量。这个大耀斑的能量辐射率约为 7.5×10^{22} J/min,比起太阳的辐射率 2×10^{28} J/min,也不过是几十万分之一左右。太阳上如此相对小的能量释放现象会引起人们巨大关注的原因在于,耀斑的释能相对集中在几个波段。例如,大耀斑可使太阳在软 X 射线波段的辐射增长上千倍,在射电波段如 2800 MHz 处增长几百倍,从而也就会对地球的空间环境产生很大的突然的影响。

太阳耀斑的时间过程

原始的耀斑概念是由光学现象定义的,是指太阳上局部区域的 $H\alpha$ 单色光辐射的突然增强现象,是一种单纯的色球现象,经常称为太阳色球爆发。经过最近 20 多年的地面与空间对耀斑的联合观测,特别是美国的太阳峰年卫星、日本的火鸟卫星和阳光卫星以及欧美联合发射的太阳与日球观测卫星的工作,我们关于太阳耀斑的认识大为深入,关于耀斑的传统的概念被大大改变。认识到太阳耀斑是太阳大气中局部区域发生的一个按一定时间次序辐射各种电磁波和物质粒子的三维爆发过程。

典型的耀斑爆发过程在时间上可分为耀斑预相、爆发相和衰变相三个位相。

在耀斑预相,耀斑的先兆事件在主爆发之前几分到几十分钟出现。这些现象包括将要产生耀斑的活动区中谱斑增亮、色球暗条活动或消失、小爆发的频繁发生或某些波段的辐射有长时间的弱增长等。例如 1986 年 2 月 4 日的大耀斑爆发之前约 40 分钟,观测到了射电波段的小爆发、辐射缓增长和软 X 射线波段的弱的长时间的辐射增长,如图 3.1 所示。

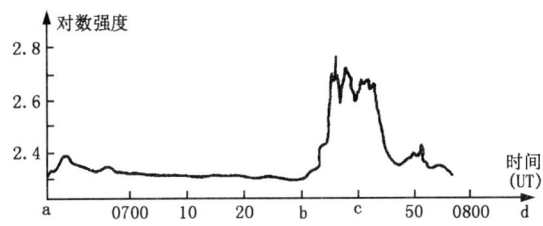

图 3.1 1986 年 2 月 4 日大耀斑的射电爆发的
预相(a—b),爆发相(b—c)和衰变相(c—d)

(云南天文台台刊 1990)

在大耀斑的爆发相,常可观测到耀斑辐射在射电(无线电)、可见光、紫外、远紫外、X 射线、γ 射线等宽广的波段出现并且快速上升。当然并不是每一个耀斑都在所有这些波段上有辐射。这些电磁波辐射均以光速(每秒 30 万 km)向空间传播,约在 8min 后到达地球。典型大耀斑的爆发还有相关连的电子、质子、离子和中子的发射。由于这些粒子具有不同的速度,总的说来比光速慢很多,所以它们比电磁波到达地球的时间迟很多,其中快的粒子可在十几分钟或几十分钟内到达地球,也有的粒子要几天时间才从太阳飞到地球。在爆发相中,在太阳 $H\alpha$ 色球观测中能看到耀斑亮带的变宽、变长,面积迅速加大。值得提及的是,美国太阳物理学家 Chupp 等人在 1980 年 8 月 21 日的大耀斑期间观测到了中子。爆发过程中原子核相互作用产生的中子,因为不受磁场的影响,很容易穿过稀疏的介质,到达地球。在地球卫星上观测到耀斑的中子比观测到耀斑的 γ 射线要迟几分钟到几十分钟。耀斑的 $H\alpha$ 亮带面积的最大值出现的时间比其他波段的辐射峰出现的迟,实际上面积峰已是在耀斑的第三位相,即衰变相中,如图 3.1(c—d)。

在耀斑的第三位相——衰变相中,各种辐射流量密度随着时间较缓慢地衰减,有时也有小的爆发参插其间。如前所述,在 $H\alpha$ 光里看到的耀斑亮带面积在这个位相里达到极大。这时双亮带的耀斑的两条亮带停止膨胀,而开始作分开的运动。有些耀斑在这个位相会产生某种米波射电爆发,这种爆发与日冕中的物质运动产生的激波有关,因而常预示着有物质自耀斑附近被抛射。

太阳耀斑的空间结构

耀斑的空间结构对于我们全面了解太阳耀斑是重要的。以前的单波段耀斑研究,只能给出某一相应层次的现象或状态,不能获得完整的耀斑概念。20世纪70年代空间观测发现太阳耀斑基本上具有三维环弧状结构,现代几乎所有关于耀斑的理论全是以环弧状耀斑结构为基础的。理论上认为,发生太阳耀斑之前,在活动区中已有磁弧存在,在这些磁弧顶处(盔状尖顶的底部)的相反方向的磁力线相互靠拢引起的磁场湮灭,磁力线重联的过程就是太阳耀斑的爆发过程,也是磁能转变为太阳耀斑的热能和被加速的粒子的动能的过程。在讨论耀斑的空间结构之前,我们应该把耀斑能量理解为来自磁弧系统或系统的一部分,而不是仅仅来源于某几个或某一个点。

大量的观测与理论分析工作告诉我们,典型的太阳耀斑的空间结构至少有两种。一种图像是:爆发首先发生在磁弧结构的顶部,高能电子沿磁弧向下轰击,打击磁弧内的物质,在磁弧的两腿下部产生两个硬X射线辐射源,在下部的太阳色球处产生色球耀斑($H\alpha$ 耀斑)。同时,在电子沿磁弧腿向下运动时,还绕着磁力线作回旋运动,产生了射电微波辐射。然后,随着物质被加热,磁弧腿足部位的物质向上运动,硬X射线辐射源与微波辐射源均向上移动到磁弧顶部,在那里它们和软X射线源聚汇在一起。另一种耀斑的图像是:这些耀斑的硬X射线辐射呈单源,位于两个 $H\alpha$ 亮块之间的上方。主源是沿着日冕拱形结构的顶部,在纵向磁场中性线的上方。耀斑的软X射线源的位置与尺度均与硬X射线源一致。这类观测结果是支持等离子体被俘获在磁弧结构上部的模型或者物理图像的。

如果我们抽取上述两种耀斑空间结构的共同点,在磁弧结构的基础上,就可以得到如图 3.2 所示的耀斑空间结构。

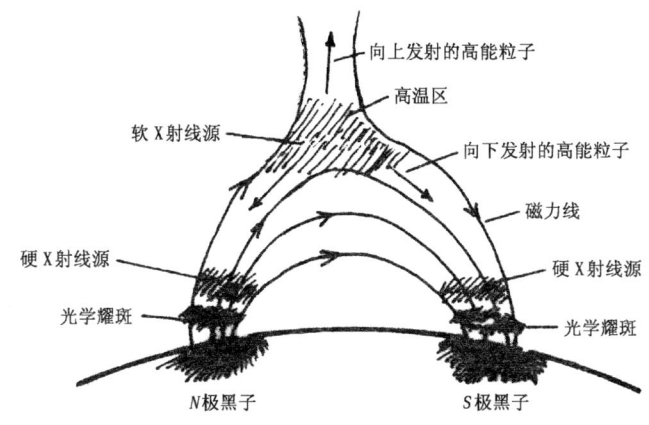

图 3.2 太阳耀斑空间结构示意图

太阳耀斑与黑子的关系

太阳黑子是太阳活动区的核心,黑子的磁场是控制活动区发生活动的主要因素。因此太阳耀斑作为活动区中的爆发活动,必然与太阳黑子有密切的关系。我们首先介绍太阳耀斑的分级,然后讨论各级耀斑与太阳黑子的关系。

太阳耀斑的分级

表 3.1 $H\alpha$ 耀斑的分级标准

级别	耀斑最亮时面积(单位:太阳表面半球面积$\times 10^{-6}$)
S	<100
1	100~250
2	250~600
3	600~1 200
4	>1 200

光学耀斑的分级,是根据耀斑的 $H\alpha$ 光观测到的耀斑最亮时的面积定义的。在表 3.1 中列出了 $H\alpha$ 耀斑的分级标准,一共分为 5 级。

太阳软 X 射线爆发被分为 A、B、C、M、X 等几个级别,每个太阳软 X 射线爆发的级别是根据它在 $1\sim8\text{Å}$ 波段的峰值流量密度(以 W/m^2 为单位)和下表中的规定而定的。

表 3.2 太阳软 X 射线爆发的分级

级别	$1\sim8\text{Å}$ 软 X 射线流量密度峰范围
A	$\Phi<10^{-7}$(单位:$W\cdot m^{-2}$)
B	$10^{-7}\leqslant\Phi<10^{-6}$
C	$10^{-6}\leqslant\Phi<10^{-5}$
M	$10^{-5}\leqslant\Phi<10^{-4}$
X	$\geqslant 10^{-4}$

耀斑与黑子数的关系

太阳耀斑大多发生在黑子群附近,黑子群越多耀斑越多,黑子群面积越大,黑子群附近的耀斑越多,黑子群的寿命越长,产生的耀斑也越多。

据统计,在一个太阳自转周里,总共能观测到的耀斑数 N 和该周黑子相对数平均值 R 之间存在如下关系:

$$N=a(\overline{R}-10)$$

式中 a 是一待定常数,不同的太阳黑子周有不同的 a 值。

耀斑与黑子群形态的关系

黑子群最早和最普及使用的形态分类是黑子群的苏黎世分类,苏黎世分类是黑子群演化的分类,所以各个苏黎世类型的黑子群的耀斑产率,实际上是黑子群处于不同发展阶段的耀斑产率。表 3.3 中列出了各种苏黎世类型的黑子群每存在 100 小时在该群黑子附近可能产生的各级的耀斑数目。

表 3.3　各类型苏黎世黑子群每 100 小时可能产生的各级 $H\alpha$ 耀斑数目

类型	1 级	2 级	3 级	1＋2＋3 级
A	0.22	0.04	0.00	0.26
B	0.92	0.15	0.00	1.07
C	1.42	0.28	0.01	1.71
D	2.75	0.52	0.03	3.30
E	6.26	1.46	0.08	7.75
F	16.25	5.80	0.98	22.93
G	2.88	0.45	0.06	3.39
H	1.94	0.42	0.06	2.42
I	0.36	0.04	0.00	0.40

从表 3.3 可知，F 型黑子群的活动能力最强，耀斑产率最高，其次是 E、D 型黑子群，最小产率的是 A 与 I 型。

若按照磁型来分类黑子群，根据 1959～1963 年的资料和 1970～1972 年的资料，可得各种磁型黑子群的 $\geqslant 2$ 级 $H\alpha$ 耀斑的产率，列于表 3.4 中。表中产率表示每群每日发生耀斑的平均个数。

表 3.4　各种磁类型黑子群的 $\geqslant 2$ 级耀斑的产率 (单位: (群日)$^{-1}$)

黑子群磁类型	δ	反常黑子群	磁轴＞45°	γ	βγ	β	α
$\geqslant 2$ 级耀斑产率（1959～1963）	0.47	0.43	0.41	0.36	0.33	＜0.25	＜0.7
$\geqslant 2$ 级耀斑产率（1970～1972）	0.48	0.32	0.34	0.34	0.31	0.5	0.3

表 3.4 表明，磁型越复杂耀斑产率越高。δ 型黑子群产率最高，其次是反常黑子群和磁轴＞45°的黑子群，α 磁型的黑子群的耀斑产率最低。表中所谓反常黑子群，是指磁极性分布违反海耳定律的黑子群，所谓磁轴＞45°的黑子群，是指前导黑子与后随黑子的联线与日面纬度线的夹角大于 45°。

耀斑与黑子群的位置关系

耀斑与黑子的位置关系是多种多样的，有的耀斑开始于黑子群里,有的耀斑开始于黑子群之外的谱斑中。耀斑开始后,其亮带扩展,在大多数情况下并不靠近或侵入黑子或遮盖黑子,而是在接近黑子处停止发展,转而向别处发展。有少数耀斑的亮带侵入或遮盖黑子,这是一些强的耀斑,与高能粒子发射有关联的耀斑。

耀斑经常出现在磁极性相反的黑子之间,少量耀斑的初始亮点出现在黑子本影之中。实际上耀斑开始时往往有不只一个小亮点,这些亮点多分布于活动区纵向(视向)磁场分量的中性线两侧。50年代前苏联太阳物理学家Severny等人就发现,耀斑最容易发生在活动区纵向磁场的梯度高的地区,这与黑子群中黑子的靠拢挤压有关。当黑子群中有新黑子浮现时,活动区的磁通量也相应变化,特别是与原有磁场极性相反的极性的黑子浮现时,使黑子群的极性分布往往变得复杂,很容易发生耀斑。

耀斑的出现对黑子的影响有时并不明显,但有的耀斑出现之后,黑子群的形态结构会从比较复杂变为比较简单。例如1986年2月4日的大耀斑发生后,黑子群的类型从Dkc变为Dki。有的耀斑发生之后,相关的黑子群中的黑子有的被亮桥切开。1981年5月13日大耀斑前后发现黑子群中有的小黑子被轻微移动了位置。

日冕物质抛射

日冕物质抛射是太阳大气中最剧烈的爆发活动,是日冕物质在较短的时间内被大规模抛出太阳,飞入行星际空间的一种太阳活动。短时间的日冕活动有两种,一种是某些局部区域的日冕物质瞬时地飞离太阳后又返回日冕。另一种则是日冕物质抛射,它具有的速度超过了太阳表面的逃逸速度,不再返回太阳。

大量的日冕物质抛射观测是从20世纪70年代开始的。由于日冕物质稀薄,亮度很低,所以观测日冕物质抛射受地球大气影响很难在地面进行,是利用卫星载的日冕仪在空间进行的。日冕物质抛射可以在白光、X射线和射电波里观测到。近30年来已经观测到几千次日冕物质抛射。上世纪90年代以来,日本Yohkoh卫星的X射线成像观测和欧美的SOHO卫星的大视场日冕仪观测,获取了大量有价值的新资料,大大促进了日冕物质抛射的研究工作。这些观测与分析不但给出了日冕物质抛射的许多性质,还在很大程度上改变了我们已有的关于耀斑与物质抛射过程的看法,认识到与日冕物质抛射相伴的耀斑更像是前者的次级过程。

日冕物质抛射的一般形态

从白光日冕仪和软X射线望远镜拍摄的大量日冕物质抛射照片我们知道,有很多的物质抛射的原始起源在低日冕中,距离太阳光球表面的距离大约是0.2个太阳半径。也有一些物质抛射是起始于某些大的较高的日冕结构,例如起源于日冕中的弧形或拱形结构。抛射物质的过程是亮日冕物质的迅速上升,上升速度从每秒几十公里到每秒一二千公里,从低日冕抛射到10个太阳半径需要1~2小时或更多时间。被抛射出的物质的整体形状大部分是弧形或泡状,也有些像钉状、云状等等。

图3.3是美国高山天文台在夏威夷马纳劳日冕观测站上的白光日冕仪观测到的一次日冕物质抛射。从图可见,这个日冕物质抛射有弧状外形,它的边上有一个比较宁静的盔状日冕凝聚区。它本身有明显的三重结构,即亮的内核,外面是低密度空穴,呈暗黑色,再外面是明亮的外环。亮的内核的形状并不都是烛头状,也有环状等。

日冕物质抛射的基本特征量

一次日冕物质抛射在离开太阳后,从它的密度估计和体积估计,可以知道它含有的物质质量大约为 $10^{14} \sim 10^{16}$ g,平均为 10^{15} g,即10亿t之多。当然,这个数字和太阳本身的质量 10^{33} g 相比仍是微乎其微的。这种爆发活动在尺度上也是巨大的。有的大日冕物

图 3.3 一次具有典型三重结构
（亮核、暗与明亮外环）的日冕物质抛射
(Hundhausen,A.J.)

质抛射在线度上比太阳半圈还长。

日冕物质抛射在离开太阳之后，随着运动它的前后长度可以拉得很长。这是由于它的各部分的前进速度不同。据 673 个日冕物质抛射的 936 个部位的测量，有的部位运动较慢，速度只有 7km/s，有的部位运动速度高达 2000km/s，甚至能出现彼此断开的现象。从每次物质抛射的整体速度和质量，计算出每一次日冕物质抛射携带出去的动能范围是 $10^{22}\sim 10^{26}$J，平均为 10^{24}J。

从观测分析发现，日冕物质抛射活动情况与太阳黑子周有一定的关系。在太阳黑子周的极小期（即黑子相对数平滑月均值极小期），它们在日面上原始出发位置的中心点多集中于赤道区域，它们前进速度的平均值约为 200km/s，它们的产率大约是每天 0.2～0.8 个；而在太阳黑子周的极大期（即黑子相对数平滑月均值的极大期），它们在日面上对应的中心点的位置从赤道扩大到较高纬度区域,前进速度的平均值提高400km/s,产率则提高到每天约3.5个。

日冕物质抛射与其他种太阳活动的关系

为了理解和搞清日冕物质抛射的产生道理和产生环境,几十年来人们对日冕物质抛射与其他种太阳活动的关系作了大量研究。然而除了种种可能的模型之外,至今我们还不清楚了解它的产生机制。关于它与其他活动的关系也只有定性或简单的定量知识。

观测到约有4/10的日冕物质抛射有太阳耀斑相伴,约有7/10的抛射与爆发日珥或暗条的消失现象相伴。另有相当一部分(约3/10)的日冕抛射现象无耀斑、无爆发日珥或暗条消失现象相伴,好像是完全"自发"发生的。但是能量大的运动快的物质抛射全是有太阳耀斑相伴。观测还发现,日冕物质抛射与长寿命的软X射线爆发相关很好,其相关性随长寿命软X射线事件的寿命的增长而增加,寿命大于6小时的事件几乎100%有日冕物质抛射相伴。

在日冕物质抛射的运动速度方面,发现与耀斑相关的抛射速度较大,一般作匀速运动,而仅有爆发日珥相伴的抛射则一般作加速运动,速度较低,在离太阳较远处由加速运动转变为匀速运动。

实际上日冕物质抛射与太阳耀斑的关系还是一个正在研究的课题。有人专门研究过耀斑与日冕物质抛射在时间上先后的次序问题。他们用日冕物质抛射在日冕中高度随时间变化的关系线,外推出如果它是起源于色球中的话,应该在色球中开始活动的时间。把这个时间和相关的太阳色球耀斑的开始时间相比,人们发现太阳耀斑的原开始时间晚。再考虑到,日冕物质抛射的尺度与规模远大于耀斑,日冕物质抛射的寿命也远长于耀斑,因而有一种看法是,太阳耀斑是日冕物质抛射的效果之一,是次级产物,日冕物质抛射才是一切相关现象的主导者,就连大的太阳高能质子事件中的质子的加速也是日冕物质抛射产生的激波所为。但是从另一方面看，在人造卫星上对太阳耀斑作的紫外光观测表明，与紫外光耀斑相关联的是日面上出现大范围的变暗区域，意味着这暗区上方的日冕物质被抛射。这也就是说，耀斑并不一定是次级产物，也可能是大范围爆发的触发物，在触发后的初期日冕物质抛射的速度较低，而后才快起来。

对日冕物质抛射的起因虽有不同的模型或想法，但一般接受的看法是它起源于大尺度的不稳定的磁场结构的崩溃。细致的解释它的起因和它与其他现象的种种关系，还需要进一步的观测分析与理论研究相结合的工作，给出经受得起实测考验的物理图像。

日地空间结构

太阳的边界到底有多远，太阳的外层日冕到底能扩展到何处，日地之间有没有物质相连，直到20世纪50年代还一直是个未解之谜。当时已经知道太阳爆发会引起地磁场扰动，即便没有太阳爆发，地磁场也有周期性的扰动现象。因此，那时候较普遍的看法是，认为日地之间在没有太阳爆发时是略有尘埃的真空，在有太阳爆发时，是有短时间存在的粒子流。同时，太阳表面上还有所谓经常发射粒子流的"M区"，M区随太阳自转而转动，M区发射的粒子流就不断地周期性地扫过地球，导致周期性地磁扰动。20世纪50年代后期，在分析刚刚日落之后与刚刚日出之前在近太阳处地平面上出现的微若黄道光时，发现要想用自由电子散射来解释黄道光的特性，就应该认为地球附近有较大的电子密度而不是真空。另一方面，对彗星的观测中，发现彗星尾部的指向总是背着太阳而与彗核的轨道运动无关。分析出，若以 ε 表示彗尾与彗核到太阳的连线之间的夹角，若以 $V_\perp$ 表示彗星沿垂直于彗核到太阳的连线方向上的速度,则 $\tan\varepsilon$ 与 $V_\perp$ 成直线关系。这意味着有一股稳定的"风"沿着太阳向彗星方向吹。

总之,到了20世纪50年代后期,与日地空间到底是什么状态或结构有关的观测与分析,否定了行星际是略带尘埃的真空的概念,提出了太阳有连续的微粒辐射即太阳风的想法。但是这种想法当时缺乏理论解释和观测证实。

1958年,太阳物理学家帕克(K·Park)在前人观测与研究的基础上提出了"太阳风"的概念,并且从理论上证明了太阳风存在的可能性。他认为,时时刻刻太阳都有连续的微粒流向太阳四周辐射。他的研究指出,太阳大气的最外层——日冕不是处于静止平衡状态。日冕大气同时受到向着太阳内部的太阳吸引力的作用和向外的热压力的作用,由于日冕的高温,太阳的引力(即重力)不足以把日冕气体牢牢地吸引在太阳周围,于是日冕就处于动力平衡,日冕气体在热压力下就连续地向外膨胀流动,形成了太阳风。

1962年水手2号飞船对太阳风作了约4个月的观测,证实了太阳风的存在,证实了帕克的理论预言。这样,日地之间不再被认为是真空,而是时时吹着太阳风。至于导致周期性地磁扰动的"M区",一直也没有找到。直到20世纪70年代,人造飞船的观测揭示出不是什么M区,而是前面谈到的冕洞总是有粒子流发射,冕洞随着太阳自转而转动,冕洞粒子流在冕洞存在期间就周期性地扫过地球,产生周期性地磁扰动。实际上,在没有太阳爆发和冕洞时,日地空间中就被所谓宁静太阳风(也称背景太阳风)充满,当然宁静太阳风的密度相当低。而在有太阳爆发时,宁静太阳风上就叠加了由爆发产生的瞬时的太阳风高速流。在有冕洞出现时就再叠加上周期性的冕洞太阳风高速流。

近几十年,用不同高度、不同轨道的人造卫星对太阳风作了大量的观测,获得了不少关于太阳风的知识。了解到太阳风主要由电子和质子组成,也含有一些离子,离子中主要是氦原子核。在表3.5中列出了地球附近空间测量得到的太阳风的基本数据。

表 3.5　地球附近空间观测到的太阳风的基本性质

参　　量(单位)	最小值	最大值	平均值
流量($10^{-8} \cdot cm^{-2} \cdot s^{-1}$)	1.0	100	3.0
速度($km \cdot s$)	200	900	400
粒子数密度(cm^{-3})	0.4	100	6.5
电子温度(1 000K)	5	1 000	200
质子温度(1 000K)	3	1 000	50
磁场强度($10^{-5}Gs$)	0.2	80	6.0
氦成分与氢成分之比	0.0	0.25	0.05

日冕物质处于高温中,日冕物质也处于磁场中,而且磁场相对地较强。日冕磁场是起源于光球向上穿过太阳色球的磁场在日冕中的延伸部分。相对强的磁场使日冕中的带电粒子很难横越磁力线。在日冕中物质与磁场"冻结"在一起,日冕物质的运动就携带着磁场一起运动。太阳风从日冕流向行星际空间,也就将日冕磁场一起带到行星际空间。所以日地空间乃至行星际空间不只是有太阳风粒子流动,还有运动着的太阳风磁场,这个磁场称为行星际磁场。

行星际磁场来自太阳光球,就如同磁力线扎根在太阳光球一样,它的根部随着太阳光球的自转而转动。当磁场随着太阳风由日冕向外运动到行星际空间时,磁力线的根部已经随太阳光球的自转而转动了一定的角度。所以行星际磁场因起源于转动着的太阳而表现出它的磁力线为螺旋线的形式,以太阳为中心,在行星际不停地旋转。如图 3.4 的细线所示。

另一方面,太阳风把日冕磁场带到行星际的同时也必然把磁场的极性带到了行星际,使行星际磁场带有它起源处的光球的磁场的极性。太阳光球的不同区域有不同的磁极性,不同区域的行星际磁场也就有了不同的磁极性。在地球轨道附近测量到的行星际磁场常常是几个不同极性的区域,相邻的两个区域具有相反的磁极性,分界线如图 3.4 的粗线所示,一个区域的极性若指向太阳,相邻区域的极性就背向太阳。通常将日地空间的,也即行星际的磁

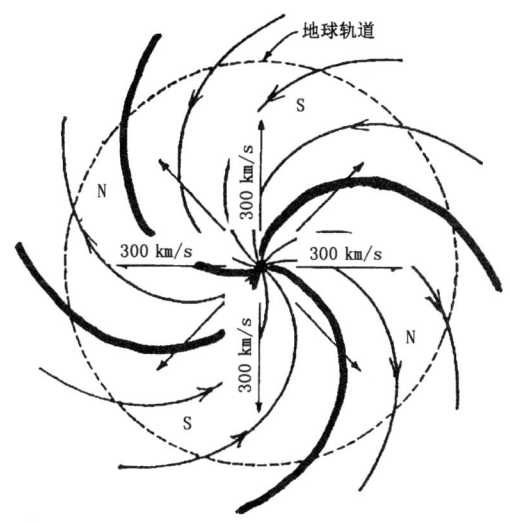

图 3.4 行星际磁场扇形结构示意图

场极性的这种分布称为行星际磁场的扇形分布。扇形分布随太阳自转而转动,使得不同极性的行星际磁场区域以太阳为中心不停地旋转扫过日地空间。

太阳风粒子流与扇形磁场分布体现了日地空间的动态结构。在太阳宁静期间和无冕洞期间,这就是日地空间结构。而在太阳爆发期间或有冕洞出现时,宁静太阳风和行星际磁场都要受到或大或小的扰动。

大太阳风暴及其对地球空间环境的影响

一次大的太阳风暴的发展,应该从太阳活动区积累过多的自由能开始,接着是大爆发活动之前的先兆现象的出现,如暗条的活动或消失等,然后是大耀斑或日冕物质抛射或者是两者都出现的大爆发事件的发生。大的爆发活动的发生会突然大量发射电磁辐射、抛射等离子体以及发射带电的高能量粒子流,从而使地球的辐射环境与粒子环境经历短时期的大幅度的变化,使地球所处的空间状态受到严重的扰动。这种大幅度、大面积、多方面的空间环境扰动,会损毁空间与地面的种种技术系统,甚至威胁宇航员的生存。

1989年3月,太阳上一个特大活动区从3月6日到3月21日在日面上出现期间,产生了含有特大太阳风暴的一系列风暴事件,极大地扰动了我们的环境。我们将以1989年3月份的太阳事件为例,来说明太阳风暴及其对地球空间环境的影响。

1989年3月的系列太阳风暴

1989年是第22太阳黑子周的黑子数高峰年,当年的黑子数年均值为157.6。第22太阳周的黑子数的平滑月均值的峰发生于1989年7月,该月的黑子数平滑月均值为158.5。按照幅度来说,这是200多年来第3个高太阳黑子周。该年发生了多次大太阳风暴,3月份的一系列风暴是其中的一部分。

1989年3月6日国际编号为AR5395的活动区随着太阳的自转从日面东边缘转到可见日面上,并于3月21日由日面西边缘转到太阳背面。AR5395虽然出现在太阳黑子周峰年,但其位置的纬度并不低,而是较高(约北纬33°)。它的寿命大于4个太阳自转周,这次出现是它的第二次回转。这个活动区的黑子群是个特大黑子群,黑子群面积最大时大于3500面积单位,是自20世纪60年代到1989年3月这种时期中最大的黑子群,具有的最大磁场强度大于3600Gs,是罕见的强磁场群。

该群黑子的结构复杂,过日面期间麦克因托什类型为Ekc与Fkc,为最强级。它的磁场类型为$\beta\gamma\delta$型,是最复杂的磁型,最活跃的磁场(最不稳定的类型)。这群黑子的特征是,几乎全部大黑子本影全被一个半影包围着,而且前导黑子本影组成U字形,将后随黑子的本影包围起来。黑子群本身在不断地旋转,并有剪切的迹象,表明整个活动区在不停地积累能量和时时处于爆发释能的边缘状态。该活动区一次次被触发,发生大大小小的爆发。它一共产生了197个光学耀斑,其中2级以上的有24个;产生了107个软X射线爆发,其中C级(弱)48个,M级(中等)48个,X级(强)11个;产生了142次活动暗条事件,其中60次与太阳耀斑有关,应该是耀斑爆发或物质抛射的先兆或促发因素。在强X射线爆发中,有几个特别具有对地球环境产生影响的性质。它们是,3月6日X15/3B耀斑,寿命长达7.4h,伴有特强射电爆发(10cm波长处爆发峰值流量密度为18000sfu)和表明有物质抛射与激波的米波Ⅱ型与米波Ⅳ型爆发;3月10日的X4.5/3B耀斑,寿命特别长(6.6h),伴有强射电爆发及Ⅱ型、Ⅳ型米波射电爆发,并且位于日面中部;3月16日的X3.6/3B耀斑,寿命1.9h,伴有强射电爆发(10cm爆发峰为9 300sfu),位于日面中西部;3月17日的X6.5/2B耀斑,伴有强射电爆发和Ⅱ型、Ⅳ型米波射电爆发,位于日面西部。根据这些耀斑的高强级别,长的寿命,伴有强的厘米波射电爆发及米波Ⅱ型、Ⅳ型射电爆发,可以判断它们伴有物质抛射和高能粒子辐射。

1989年3月太阳风暴对地球空间环境的影响

质子事件:3月8日1735UT(世界时)在地球附近观测第一次太阳质子事件的起始。质子事件出现一个峰以后尚未下降到初始背景值时就开始了第二次上升,在13日的0645UT达到了最高峰,峰值流量密度为3500s.f.u.。整个事件持续约6天。这次质子事件属于3级。它的起始应该是由3月6日的X15/3B耀斑引起,它在9日末10日初的第一个峰应与这个耀斑相关联。而它在13日出现的最高峰则主要应由3月10日位于日面中部的长寿命的X4.5/3B耀斑和相关的日冕物质抛射产生。

第二次太阳质子事件到达地球附近的时间是17日1855UT,

第一个峰约在18日0100UT出现,接着在18日0600UT附近出现了另一个更高的峰,峰值强度为2000s.f.u.,结束时间约在20日1200UT。这次质子事件的第一个峰应由3月16日的X3.6/2B耀斑引起,而第二个峰应主要由3月17日的X6.5/2B耀斑及物质抛射产生。这两个耀斑均位于日面西部,有利于质子流向地球方向。

地磁暴:3月8日开始第一次地磁暴,由特大强度(X15/3B)、长寿命、强射电爆发相伴(并有米波射电Ⅱ与Ⅳ型爆发的耀斑及物质抛射引起),但因其位置在日面东部(不利于荷电粒子流向地球)而使地磁暴幅度不太大。

3月13~15日发生了特大的地磁暴,据德国高廷根地球物理研究所对13日记录的计算,这是1932年到1989年3月期间幅度第2高的大磁暴。这次特大地磁暴主要由3月10日的X4.5/3B级、长寿命耀斑及其物质抛射引起。这个耀斑的另一特点是发生在日面中部。应该提及的是,这次地磁暴期间在地球上很多较低纬度的地方都看到了极光,例如我国的新疆和长白山区。

电离层:太阳耀斑能使地球电离层电子总含量增加。使电离层D层电子密度的增加会导致电离的突然骚扰。活动区AR5395通过日面期间,总共产生139次电离层突然骚扰,其中38次为2级,31次为3级。它在3月7日产生的级别为X1.8/2B的耀斑、11日的X1.2/2B耀斑、13日的X1.2/3N耀斑以及14日的X1.1/2B耀斑等中等强度爆发,因爆发位于日面中部,都产生了2级以上的电离层突然骚扰事件。

宇宙线:地球上接收到的银河系宇宙线,其强度受太阳爆发活动的影响。太阳耀斑会使宇宙线强度降低,这种现象称"福布斯下降"。3月6日发生的X15/3B耀斑引起了3月8日开始的宇宙线强度下降。北京中子堆站测出下降的峰值为3.4%,北京站的地理位置是北纬40.8°和东经116.26°。

3月10日的长寿命太阳耀斑(X4.5/3B级)引起了13日

0800UT 开始的福布斯下降,下降的极小值在北京站测量为 9.2%。这是一次相当大的宇宙线变化事件。接着发生的一系列爆发使这宇宙线事件持续了很长时间,一直到 4 月初才恢复正常。据统计,宇宙线强度变化的幅度与太阳耀斑的级别和寿命有关,特别是对长寿命耀斑,宇宙线变化显著。

地球大气扰动:有关的研究工作告诉我们,比较强的($\geqslant$2 级)长寿命的($\geqslant$1.5h)太阳耀斑可以严重地影响地球大气中臭氧的含量。一般情况中,发生耀斑的当天大气中臭氧含量开始增加,耀斑发生后第 6 天臭氧含量增加达到峰值,一次这样的事件可持续几天的时间。北京观测站与河北省香河观测站都观测到了 3 月 6 日和 3 月 10 日大耀斑引起的臭氧含量的增加。

地磁暴期间中性大气被加热、密度增加。在 3 月 13~14 日特大地磁暴期间,许多 1000km 高度以下的低轨飞行器受到加大的阻力。据推算,在 14 日 480km 高度处的中性大气密度增加 4 倍左右。

对空间与地面技术系统的破坏性影响举例:

1989 年 3 月的一系列太阳风暴,对空间与地面的技术系统产生了直接或间接的破坏性影响。它曾导致西半球世界近 60 次的短波通讯衰减,其中有两次长达 12h 的通讯中断。3 月 10 日的大爆发使地球轨道附近的软 X 射线强度增加上千倍,使能量大于 10 MeV 的质子通量增长几百倍。太阳风暴对地球磁层、电离层及中性大气的影响,造成了美国国家气象卫星一度中断向地面发送云图,某系列导航卫星几天不能正常工作,军事系统跟踪的几千个空中目标需要重新定位,低轨人造卫星不能维持姿态控制,航天飞机不能把通讯卫星送入轨道。在地面上,3 月 13~14 日大磁暴期间,美国几家核工厂的电力变压器遭到破坏。更严重的是,大磁暴破坏了加拿大魁北克省的高压输电网,使整个 600 万人口的地区停电 9 个小时,经济与其他损失相当巨大。

第四章
太阳活动预报

太阳活动预报的实用意义和分类

太阳活动预报的实用意义

人类对太阳的观察历史,清楚地告诉我们早在2030年前就有了目视黑子的记录;早在200年前就有人指出地面上雨量的多少与太阳黑子数有关;早在150年前德国人施瓦贝的黑子观测结果就确定了太阳黑子数目有大约11年的周期性变化,从而为太阳黑子周的预测提供了数学基础。然而,只有随着人类对无线电技术的广泛应用,日地关系研究和空间飞行、空间开发利用的快速发展,以及对预测自然灾害的迫切需求,太阳活动预测与预报才在最近40多年里成长为一种真正的科学的太阳服务工作。

事实上,法国人在20世纪20年代末期,就开始利用巴黎的埃菲尔铁塔做太阳活动和地球物理数据的广播服务,其目的是研究实时的太阳活动对电波在电离层中传播的影响。40年代的早期雷达观测已经揭示出无线电干扰常来自太阳。50年代,埃利森(M. A. Ellison)在他的"太阳及其影响"一书中,总结了太阳爆发对地球的影响有两类,一类是同时性的,另一类是时间上迟至的。他指出,前者主要是太阳的紫外线与X射线的辐射突增引起的地球磁场与电离层的扰动,后者则是太阳的粒子辐射突增引起的地球磁场、辐射环境及电离层的扰动。50年代和60年代,国际上实施了几次大规模的联合的日地观测与研究计划,如国际地球物理年、国际太阳宁静年等,进一步探讨了日地关系和日地预报问题。其间由原有的几个国际组织共同成立了"国际无线电联盟资料交换和世界日服务"(IUWDS)组织。为推进全世界的相关工作,还成立了约10个区域警报中心,覆盖了除非洲、南美洲和南极之外的地区,开展太阳活动及其影响的服务工作与研究工作(图4.1)。60年代美国为阿波罗登月计划作了太阳活动预报的服务。我国于1969年首次作了太阳活动预测,目的是为"东方红"1号卫星的升空与运行服务。

其后相继的两个幅度比较大的太阳周,第21周和第22周,太阳活动异常激烈,给地面技术系统和空间技术系统带来很大损毁。例如,1989年9月29日一次太阳事件,使太阳宇宙线增强约375%倍,使一架穿越大西洋的协和式客机机舱内粒子辐射增大,警报器发出了中级警报。如此种种新出现的灾难,均源于太阳事件。于是,太阳活动事件与活动水平的预测工作就应运而生、应运而长起来。国际合作组织也从IUWDS更名为ISES(即国际空间环境服务组织)。

另一方面,近一个多世纪以来,层出不穷的厄尔尼诺现象、严重旱涝灾害和地震灾害等,迫使人类投入大量财力、人力研究减低和预防自然灾害问题,发现了灾害现象与太阳活动的诸多可能关系。目前不少学者正深入研究、探索在水文、气象、气候以至地震和病疫灾害预测中太阳活动因素的作用和使用的问题。在这个领域中也显示出对发展太阳活动预报的迫切需要。

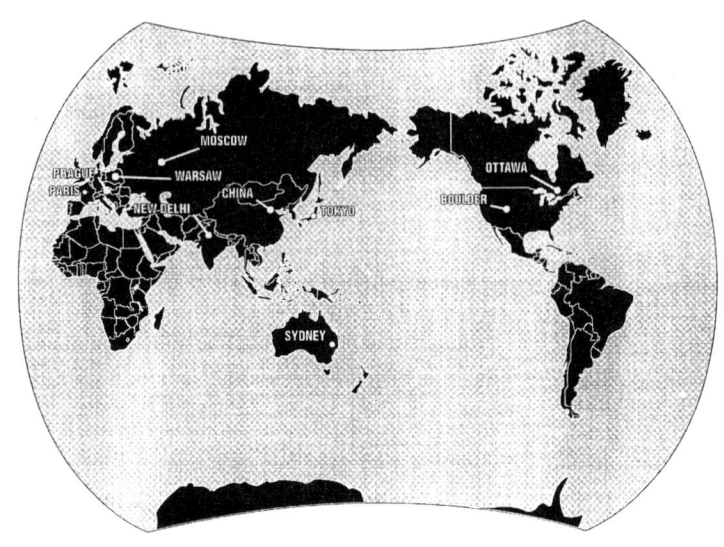

图 4.1　国际空间环境服务组织的区域
警报中心在世界上的分布

(Thompson, R. 1993)

太阳活动预报的分类

太阳活动预报可以按照预报的对象或者预报的方法等来分类,而最常用的分类方法是依据预报的时间提前量,把太阳活动预报区分为长期、中期和短期预报。实际上,在相邻的两种预报之间并无很严格的时间分界。

长期预报一般是指提前一年或几年以至几十年或更长时间作的预报。它的主要内容是预测 11 年左右的太阳黑子周期活动的情况,例如太阳周的各个位相的起止时间、太阳周黑子活动的最大幅度和时间以及与之相关的参量。主要预测依据是活动的周期性或相邻两周之间的统计或可能的物理联系等。这种预报的主要用户是航天的计划人员、航天器的设计人员、水文与气象或地震的长期预报人员,以及减灾防灾管理机构和某些领域的科研人员。此外,还有长距离管线的设计人员等。

中期预报是指时间提前量为3天以上、半个月或一个太阳自转周以至几个月的预测。这种预报的重点工作是预测未来27天的太阳自转周中太阳上各部位的活动情况以及总的活动水平的变化。预报工作的用户主要是,近期航天任务的执行部门、战争的指挥人员、航海通讯人员、长距离高纬度地区输电或输油管线的管理人员,以及减灾防灾部门和某些文体部门如信鸽竞飞的组织者等。

短期预报是指提前量为1至3天或更短的预测。这种预报工作的主要内容是预报太阳耀斑的发生、级别,预报日冕物质抛射的发生以及未来3天的太阳活动指标的可能水平。预测的主要依据是日面上的活动区近期的演化情况和活动区以几小时或几十小时为时间尺度的变化。短期太阳活动预报的主要用户是通讯与导航、定位人员,人造卫星或其他飞行器的姿控和其他操控人员,宇航员特别是舱外活动的宇航员,地球物理勘探人员,长距离输电网人员,特殊地区的核工厂管理人员,通过极区的客机指挥管理人员,有关领域的科研人员以及某些体育与娱乐(如电视)部门等。

太阳活动预报

太阳活动的长期预报

太阳活动的长期预报主要是预报太阳黑子数的长期变化,特别是黑子数的太阳周变化。太阳黑子相对数(以下简称黑子数)虽然有其缺点,又缺乏物理意义,但是它已有200多年的观测记录,能清楚地表现太阳活动的周期性,受到太阳工作者及地球物理工作者的习惯使用。近地空间环境的变化和洪涝、干旱、地震等异常现象与黑子数的相关研究已有不少结果与进展。

当前的长期预报主要是使用统计方法,按照这些方法的物理思想,可把它们分为如下四类:

① 把黑子数的观测记录值看作一个时间序列，假设由以往的黑子数时间序列分析出的规律也适合未来的黑子数变化序列，以此对未来作预测。比较典型的方法是，把黑子数时间序列当作一个非平稳随机时间序列，用下式

$$黑子数=主值项+周期项+随机项+白噪声$$

来描述以往的黑子数变化。

有的方法认为，历史上的太阳周是由几个周期性的时间序列迭加而成。例如，用

$$\overline{R}_{max}=120+25\sin\theta_1+35\sin\theta_2+15\sin\theta_3$$

来预测未来太阳周的最大幅度（以平滑月均黑子数计），式中 $\overline{R}_{max}$ 表示最大幅度，θ_1、θ_2 和 θ_3 分别表示所预测的太阳周在长度为 90 个周、11 个周和 2 个周的周期中的位相。

② 利用不同的太阳活动周或一个太阳周内部各参量之间的关系作预报。例如，一个太阳周的最大幅度 M 与其上升位相的时间长度 A 之间存在有近似的线性关系：

$$M=311-46.96A$$

再如，可根据极小期太阳极区磁场的强度 B 的绝对值与下一个太阳周的最大幅度 $\overline{R}_{max}$ 的关系

$$\overline{R}_{max}=110|B|$$

来预测下一周的幅度。

③ 利用地球物理先兆现象预测未来一周黑子数的最大幅度。这方面已经提出的方法很多，其中异常磁静日方法和极小期磁扰法曾对某些太阳周作出过成功的预报。前一方法，是利用异常磁静日与静日的幅度之差、异常静日的平均幅度及数目的变化率与未来一周的最大幅度的关系作预测。它所谓的异常磁静日是指地磁场水平分量的日极小强度值发生的时间位于取定的时段之外的日子。后一方法，则是利用第 n 太阳周极小期 3 年中测到的地磁扰动数 N_m 与未来一周黑子数最大幅度 $\overline{R}_{max}(n+1)$ 的关系

$$\overline{R}_{max}(n+1)=a+bN_m(n)$$

作未来一周的最大幅度 $\bar{R}_{\max}(n+1)$ 的预测，a、b 为常数。

④ 利用行星相对太阳的位置作太阳活动预测。这种方法认为，行星在太阳上的潮汐作用有助于太阳活动的发生。这种潮汐力与行星相对于太阳的位置有关，所以这种预测主要研究行星位置的变化或者太阳相对于太阳系质心的位置变化与太阳黑子或太阳耀斑的关系。然而，因为这种潮汐的作用幅度很小，就此一直存在争议。

总的说来，长期太阳活动预报依然是一种没有完全解决的预测问题。检验工作告诉我们，还没找到一种方法能够对每一个太阳周都给出成功的预报（≤20％误差的预报被认为是成功的）。

太阳活动的中期预报

提前量为1/2个或1个太阳自转周（27天，接近一个月）的预报在中期预报中占有重要位置。主要任务是，预测未来一个自转周内黑子活动的平均水平（以平滑月均值计）和什么时段会有较强的太阳活动或没有太阳活动。其中心问题是，预测新的太阳活动区的产生及其活动程度、预测已有的活动区将在何时有何种活动。由于在现阶段人类还不能长期地同时对整个太阳球面作连续的观测，缺乏对活动区演化的了解，中期太阳活动预报是太阳预报的难题之一。近些年在预报方法上的改进，使该领域有不少进展。

在未来一个月内平均幅度的预测方面已有许多模型可用，简单典型的模型是自回归模型。它把未来一个月的黑子数月均值写成前几个月的月均值的线性组合，即

$$R(t_n) = a_1 R(t_{n-1}) + a_2 R(t_{n-2}) + \cdots + a_{n-1} R(t_1)$$

其中 $R(t_n)$ 是第 n 个月的月均值，$a_1, a_2, \cdots, a_{n-1}$ 是由已知的月均值经由最小二乘法选定的常数。自从太阳黑子数序列具有混沌的特性被发现后，有人用重建相空间矢量相似的方法作中期预报，是个较好的开端。

关于未来一个月内在什么时段（哪几天）会有什么强度的或级

别的太阳活动的预测,在很大程度上依赖于综合经验方法。这些综合经验所涉及的主要工作是：

- 根据长期预报和近期的实测,估计出预报时期所在的太阳周中的位相;
- 由观测数据的统计,确定当前的太阳活动经度。活动经度是指某个时期太阳上的某一个或某几个经度区域(范围),它们是黑子的高产区和耀斑的高发生区;
- 根据黑子群的类型—时间—经度图确定太阳当前的活动半球和活动经度的漂移,以及活动经度出现的时间间隔;
- 估计活动区的回转历史和寿命及活动特性;
- 其他,如估计未来一个自转周内活动水平最高的日期及峰值等。

中期预报中,对活动水平的预测往往在发展平稳时可以得到$\leqslant 15\%$的误差,但是在实际情况发生转折时,则常常出现预测落后于实际变化的情况。为改进中期预报,除理论工作的改进外,实测能力的提高也是一个关键。如果能有人造行星长期对太阳"背面"作连续观测,将会大大有助于中期预报水平的提高。

太阳活动的短期预报

目前太阳活动短期预报主要内容是太阳爆发现象,主要方法有先兆法、统计公式法、人工智能模型及物理预报法等。

- 先兆法可适用于 1 至 3 日或更短（几十分钟以内）的提前量的预报工作。可利用的现象有：$H\alpha$ 色球暗条活动或消失；色球在活动区附近的纤维状结构异常规整；谱斑增亮或小爆发增多以及小幅度的长时间的（爆发前几十分钟左右）辐射增强等预热现象；黑子群类型变复杂或增强,如出现 FKC、EKC、DKC 或 δ、$\beta\gamma$、$\beta\gamma\delta$ 型等；活动区中新磁通量流的出现或磁场梯度的增强以及磁中性线弯曲度加大、反极性区的联线与日面纬线接近垂直等等。

一位有经验的预报员用先兆法来判断短期内太阳耀斑是否会发生,可以具有较高的准确性。这种预报的水平在很大程度上依赖于预报员的主观经验,因而也就面临了由主观预报向客观预报的改进问题。

• 统计模型或统计公式法是一种提前量为 1~3 天的预报方法,它不能作短于 1 天的预报,因为制造公式或构造预报模型时所用的资料是每天获取一次。例如,北京天文台曾用下列线性回归方程作黑子周上升与峰期的太阳 X 射线爆发的短期预报:

$$S = A + BX_1 + CX_2 + DX_3$$

式中 S 是 X 射线爆发的级别,X_1、X_2 和 X_3 分别是活动区中黑子群的磁场类型、活动区的 $H\alpha$ 色球结构形态、太阳在频率 2800MHz 处的流量密度或频率 2800MHz 处的小爆发数目(最近一日内的)。A、B、C、D 为常数。

近年发展起来的人工智能预测模型,有希望大幅提高预报水平。使用第一日与第二日的某一活动区的黑子群磁类型及 Melntosh 类型、黑子群面积数、活动区的日面位置和小爆发数以及太阳背景辐射强度为输入元素,用神经网络模型作强太阳爆发的预测,已经有了很好的试验结果。

• 物理预测法作短期太阳爆发预测是非常可取的、有前途的。但是物理预报还处于研究与设想阶段,距实用还有相当的距离。物理预报法主要基于对太阳爆发物理过程的认识,特别是对活动区磁场储存过剩能量的研究而提出来的。太阳活动区是一个跨越光球、色球与日冕的三维区域,理论上认为高色球与日冕中的物质和磁场是"冻结"在一起的,物质的运动和磁场的变化是相互作用着的,物质的滚动或转动都能改变磁场结构,使磁场中磁能增加而超过势场的能量,这种能量的突然释放就形成了太阳爆发。这方面面临的问题不只是储能过程,还有能量如何被触发而释放的问题有待研究。

太阳活动预报是一个方兴未艾的边缘学科,涉及到太阳物理、空间物理与地球物理等领域,它必将随着人类的空间开发事业、环境的保护与改良事业、资源的探索与利用以及减灾防灾事业甚至文体娱乐事业的发展而日益受到重视,得到应有的发展。可以预见,未来有一天人类会像需要气象预报一样地需要太阳活动预报。

第五章
太阳活动与地球环境变化

地磁场变化

概述

我国古代四大发明(指南针、火药、造纸与印刷术)之一的指南针,是一根具有磁性的指针,它的一端大致指示南方,成为罗盘的主要构件。罗盘曾被作为判明山川形势,测定方位的重要用具。现代的航海罗盘与航空罗盘也是从古代罗盘发展起来的。

早在16世纪末期,英国物理学家威廉·吉尔伯特做过一个实验,他把一块吸铁石磨制成圆球形,用小磁针测试这圆球面上的磁力分布。结果发现,小磁针倾斜的情况与当时地面上实测的磁倾角很相似。为此他断言,地球本身就是一个巨大的球形磁体,并且地球的磁性是从地球内部发出的。这个故事是曾治强等在《日地关系》一书(地震出版社,1989年版)中提出的。

后来人们的研究发现,地球的磁场在形态上跟一个位于地心的中心磁偶极子磁场很相似。偶极子的磁轴和地轴斜交成约 11.5°的角度。磁轴与地面相交点就是磁北极与磁南极。据 1985 年的资料,北磁极的地理坐标是 70.9°W,78.9°N,在加拿大的北端。实际上,地磁极是在缓慢地移动的。在地球的历史上,两磁极的极性甚至多次颠倒过。

观测表明,地磁场的强度很小,平均值约为 50 000nT(纳特),即使在两极附近也不过 70 000nT,比普通的玩具马蹄形磁铁还要弱几百倍。但是,地磁场占有很大的空间,甚至在远离地心约 10 个地球半径处,尚能从行星际磁场背景中把它识别出来。

地磁场基本上是稳定的,使指南针能指示磁南极方向。但也常常叠加着复杂的短期变化。因此,常将地磁场划分为"基本磁场"和"变化磁场"两部分。基本磁场约占地磁场的 95%以上,主要起源于地球内部。而主要起源于地球外部的变化磁场,其数值与基本磁场相比是很小的,但它的变化显示了地球物理场的变化,且其中的不少变化是由太阳活动变化所引起的。

在地球上任一地点的地磁场具有一定的强度和方向。为了表示它,通常采用直角坐标系(图 5.1)。在这种坐标系中,磁场强度 F 的三个分量为北向分量 X、东向分量 Y 和垂直分量 Z(分别以向北、向东和向下为正)。F 在水平面(OXY)上的投影为 H,称为水平分量。H 偏离 OX 轴的角度 D,是磁偏角(以偏东为正),F 与 OXY 的夹角 I,是磁倾角(在北半球,以磁针下倾为正)。这些个量(X、Y、Z、H、D、I、F)统称为地磁要素。它们之间是互有联系的,可以互相换算出来。基本的关系式为:

$$F=\sqrt{X^2+Y^2+Z^2}, H^2=X^2+Y^2$$
$$Y=H\sin D \qquad Z=H\tan I$$

地磁场的测量,需要应用三种磁变仪。通常选用记录 H、D、Z 三个要素的磁变仪。磁变仪中有滚筒和一些辅助设备。传统的记录方式是将地磁场的变化转换为光点的移动,用照相方法把这种变化自动记录下来,这种记录叫做磁照图。测定地磁要素绝对值的仪器叫做磁力仪。其中用来测定磁偏角和磁倾角的仪器,又叫做地

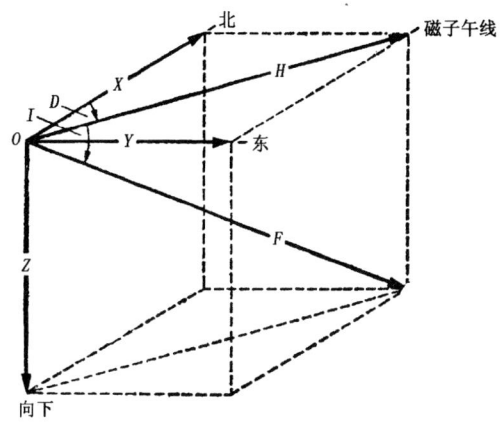

图 5.1　地磁要素相互关系示意图

磁经纬仪。磁力仪不做连续记录,只是在特定时间进行观测。现在,我国各地磁台站一般采用阿斯卡尼亚(Askania)地磁经纬仪来进行地磁三要素(H、D、I)的绝对测量。经常用作地磁场水平强度绝对测量的,还有水平强度扭力磁力仪。至于在野外测量(相对磁测),一般用比较简便的磁秤。图 5.2 展示中国 1970.0 年的地磁基本要素的等值线图。

地磁变化指数

通过长期的观测表明,地磁场的变化是很复杂的,可以分成好几种类型,最简单的划分是"平静变化"与"干扰变化"。平静变化是指在时间上连续存在的一种周期性变化。比如在一个太阳日和一个太阴日的变化,很有规则。干扰变化是指偶然出现的、持续时间有长有短的各种变化,最严重的是磁暴与磁场亚暴。

为了表征变化磁场的状况,在历史上产生了好几种指标和指数,现在常用的有 C 指数、K 指数、A_p 指数等。

C 指数　C 指数是最早使用的,也是最简单的地磁指数。它是用数字 0,1,2 来表示一天的地磁活动程度。0 表示这一天地磁很

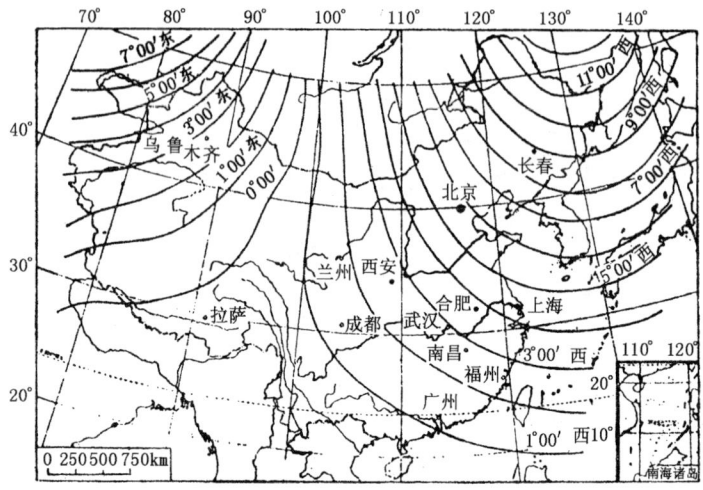

(a) 磁偏角等值线图

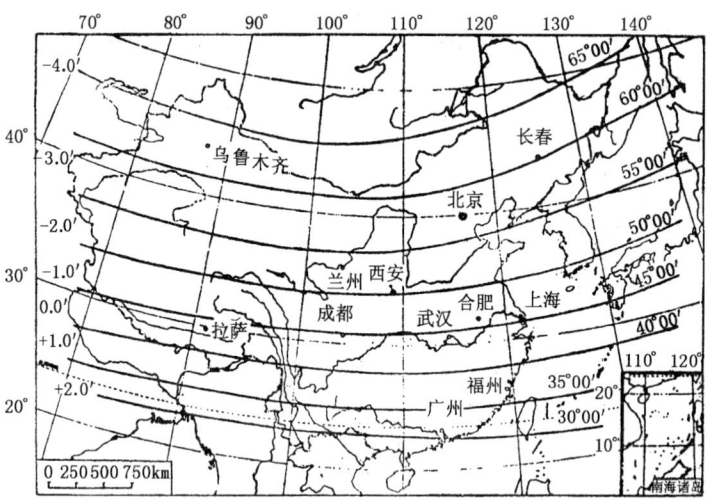

(b) 磁倾角等值线图

第五章 太阳活动与地球环境变化 · 81

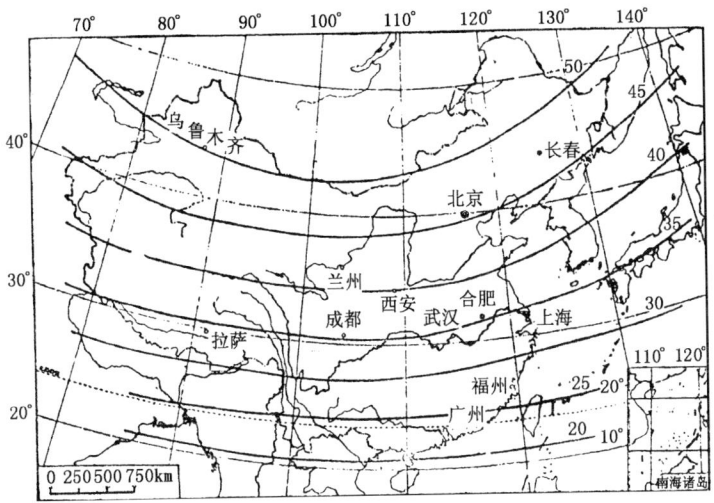

(c) 垂直强度等值线图

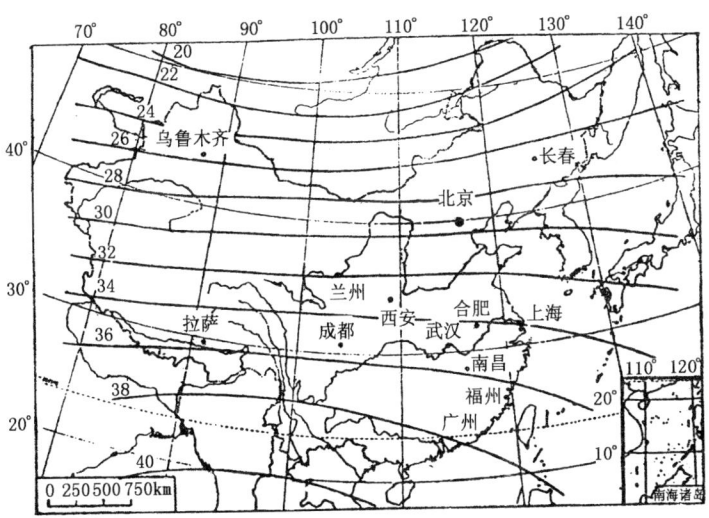

(d) 水平强度等值线图

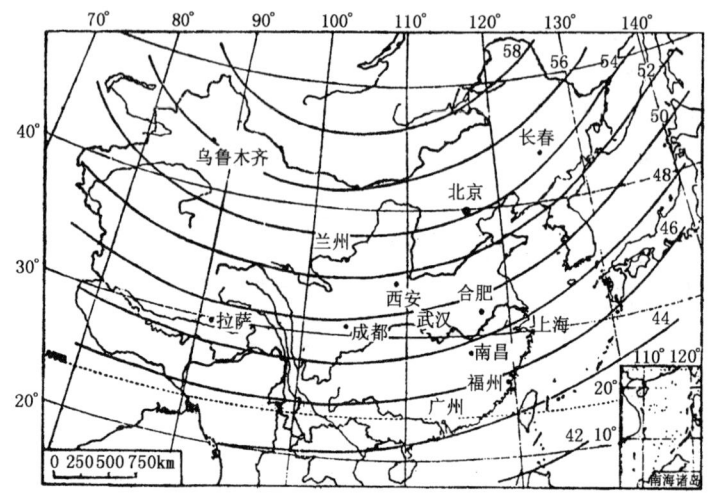

(e) 总强度等值线图

图 5.2 1970.0 年中国地磁图

(倪永生 1990)

平静,而 2 则表示地磁变化很大。这几个数字是依据测量的磁照图的情况来定的,但可能含有个人的主观成分。为了尽可能地消除此种误差,国际上规定,以各地磁台测的 C 值取平均,得一个含有小数的国际磁情指数 C(从 0.0,0.1 直至 1.9,2.0)共分 21 级。

K 指数 为了更详细地了解一天内不同时段的地磁活动性,国际上采用了 K 指数,每 3 小时有一个值,从 $0,1,\cdots,$至 9。每个级别的 K 值是用水平分量 H 偏离正常日变化的程度来度量的。

但是,对于同一次全球性活动,在高纬度及中低纬度不同地区表现出来的幅度是不一样的。因而各地所定的 K 值不尽一致。为消除地区性影响,国际上取全球 13 个标准台的 K 值的平均值,定出 K_p 值。K_p 共分为 28 级,分别记为 $0_-,0_0,0_+,1_-,1_0,1_+,\cdots,8_-,$ $8_0,8_+,9_-,9_0$。K_p 称为行星性磁情指数。

其他一些指数 我国常用的一种为 A_k 指数,它是当天 8 个 3 小

时时段等效幅度 a_k 的平均值。a_k 与 K 的对应关系如表 5.1 所示。

表 5.1 $K \sim a_k$ 对应表

K	0	1	2	3	4	5	6	7	8	9
a_k	0	3	7	15	27	48	80	140	240	400

由所测 K 值可查出 a_k 值。一个台站的 a_k 值,需通过各自的单位换算因子来得到。我国台站的换算因子为 1.2。A_k 称为等效日幅度,代表各台站每日地磁扰动幅度的水平。

在我国的《太阳地球物理资料》月报中还刊出地磁的 ΔH 值。它定义为 $(H - \overline{H_q})$,其中 $\overline{H_q}$ 的每一个数值是当月 5 天最平静日中每天相应时刻 H 的时均值,代表本月的平静水平。因此,ΔH 代表地磁水平强度 H 相对于当月平静水平的起伏。

国际上还有用 u 指数,代表一月或一年之内地磁扰动的幅度(它反映了赤道环电流的强弱),u 指数由 ΔH 及磁偏角度化值换算出来。我们在后面将要应用到。

地磁变化与太阳的关系

地磁场变化中最严重的或最剧烈的是"磁暴"。这是全球同时发生的干扰变化,磁情指数 $K \geqslant 5$ 的强烈干扰。一般按 K 的最大值将磁暴分成三级:$K = 5$ 的为弱磁暴(或小磁暴);$K = 6,7$ 的为中等磁暴;$K = 8,9$ 的为大磁暴(或强磁暴)。

按照磁暴开始时的形态,将磁暴分为急始型磁暴和缓始型磁暴,分别记为 SC 和 GC。SC 型磁暴开始是突然而迅速的,几乎是全球同时开始的,易于辨认。而 GC 型磁暴开始不那么明显,各地磁台确定的开始时间并不一致,有的能相差 1 小时,甚至还多,不容易辨认。

从磁暴发生的形态看,磁暴时水平分量变化比较有规则,垂直分量变化不甚明显,而偏角变化则是完全无规则的。

以水平分量变化来说,一般经过 3 个阶段:①初相。磁暴开始时,H 分量在平静背景上显著上升。这段就叫初相段(参见图 5.3,

图 5.4）。急始型的这段时间延续几分钟至几十分钟，而缓始型的时间延续比较长（数小时）。初相的平均变幅在 15nT 左右。且一般说来，无论大小磁暴，初相的变幅都差不多。②主相，继初相之后 H 分量开始减小，约经几小时或十几小时，H 降至最小值。这一阶段就称为磁暴的主相。主相的幅度为几十至几百纳特，大磁暴主相的幅度也大。③恢复相。H 分量逐渐上升，恢复到正常的日变形态。恢复相持续时间约为 1 天至几天。磁暴越强，主相、恢复相持续时间越短。

现代的研究表明，急始型磁暴主要由太阳耀斑抛射的快速太阳风引起，缓始型磁暴则由日冕抛射的慢速太阳风所引起。

我们地球磁场类似于偶极子磁场，磁力线由磁南极出来，绕空间半圈进入磁北极。但实状况与此相差甚大（见图 5.5）。由于太阳风等离子体的吹拂，在对太阳向地磁力线被压扁了，而背太阳向地磁力线拉得很长。我们地球的磁场形态像颗彗星，因此将背阳向的磁力线组织称为"磁尾巴"。太阳风等离子体的动压与地磁场的磁压相互作用，产生了一种冲击波——弓形激波。由地磁场起控制作用的空间范围叫做地球的磁层。也就是说，在磁层顶之外就没有地磁了。弓形激波与磁层顶之间的过渡区域称为磁鞘或磁套。在那里电磁的相互作用极其复杂，尚不很了解。磁层顶在向阳的一侧距地心约 $10R_E$（R_E 代表地球半径）。在发生磁暴时会被压缩到距地心 $4\sim 7R_E$ 以内。磁鞘在日地联线上的厚度约 $4R_E$，向两边作弓形张开。在地球磁赤道附近的磁尾中有一个中性片，那里南北磁力线方向彼此相反，几乎没有磁场，呈中性。中性片从 $15R_E$ 处开始，延伸至 $100R_E$ 之外，其厚度约 1000km。此外，在地磁赤道上空，有内、外两个环状辐射带（又称范·艾伦带），内辐射带的中心高度约在 $1.5R_E$（图 5.6），范围限于磁纬度 $\pm 40°$之内。内带中含有高能质子和电子；外辐射带的中心高度在 $3\sim 4R_E$ 之间，范围可延伸到磁纬度 $\pm 50°\sim 60°$。外带中只含有电子。两个辐射带是地球磁场俘获太阳风粒子而形成的，但内带中还含有高空核爆炸产生的"人工电子"。

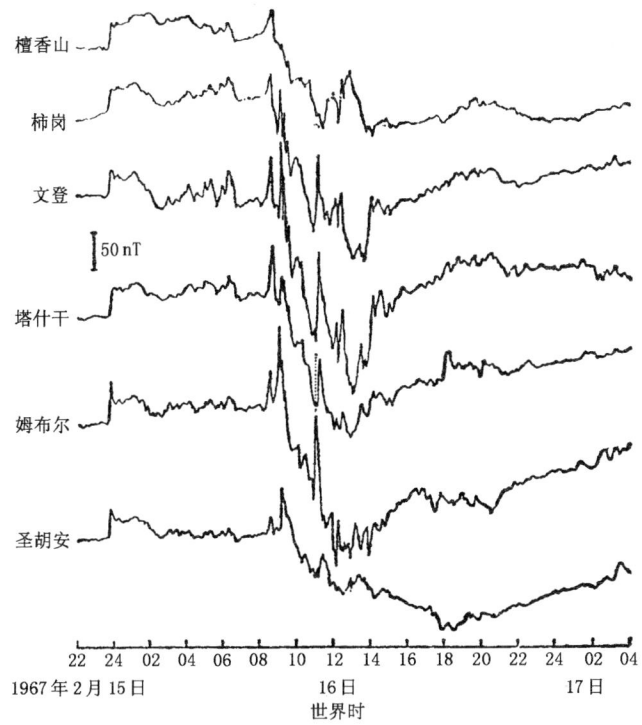

图 5.3 磁暴实例
(曾治权等 1989)

磁暴与太阳活动的关系,在理论上已有所阐述,下面对此作一概述。

在太阳活动增强时,太阳大耀斑喷射的大量粒子流,在接近地球时,由于受到地磁场的作用,将在粒子流锋面(即前方表面)上产生感应电流,其电流密度 J 为

$$J = \sigma \vec{V} \times \vec{B}$$

这里 σ 为粒子流电导率,$\vec{V}$ 为粒子流速度,$\vec{B}$ 为地磁场强度。

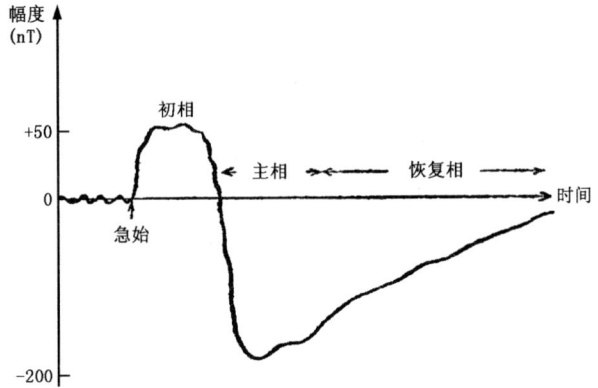

图 5.4 典型中纬度磁暴的平均形态
(曾治权等 1989)

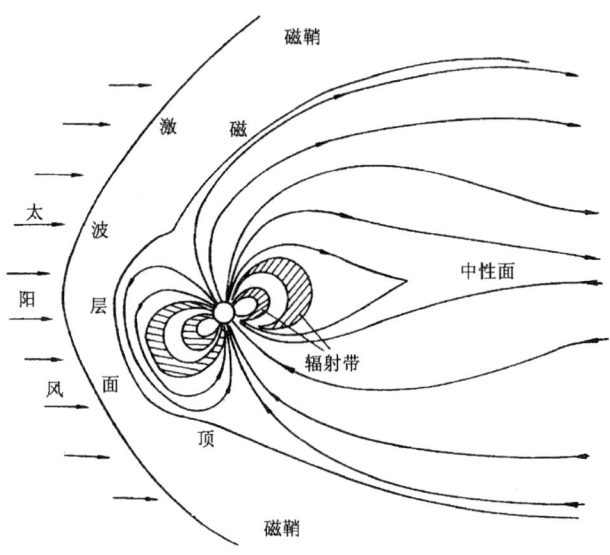

图 5.5 地磁层结构示意图

这一感应电流将同时引起两方面的效应,其一,它将产生一个磁场。这个磁场叠加到原来的地磁场上,从而引起地磁场发生变

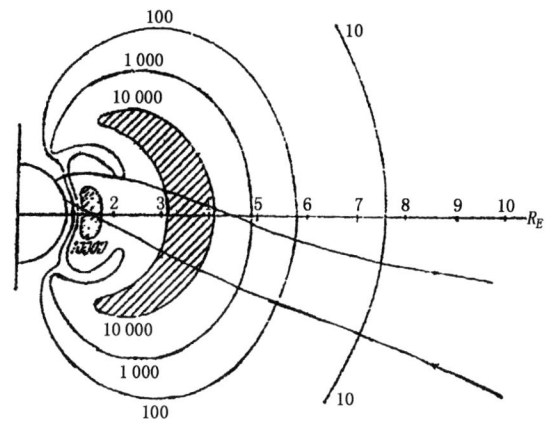

图 5.6　内、外辐射带示意图
(等值线上数字表示每秒钟的计数次数)

化,使地面上的磁场水平分量增加,这就引起磁暴的初期。其二,粒子流锋面的感应电流,又受到地磁场的安培力的作用,阻止粒子流锋面进一步逼进地球,最终迫使锋面完全停止前进,此时磁暴初相阶段结束。

平常,太阳发射的带电粒子有一部分能够渗透入磁层中(主要通道为中性片),它们组成一个环绕地球的、自东向西流动的环电流。这个沿地磁赤道上空的环电流距地心约 $2\sim7R_E$。在太阳耀斑发生后,进入磁层中的带电粒子大为增加,导致西向的环电流猛然增加起来。增加的这部分电流所产生的磁场,使地面上的磁场水平分量相对于正常值而减小,这正是磁暴的主相。当一场强太阳风吹过地磁层后,附加的环电流失去粒子来源,就逐渐减弱了,然后恢复到正常状况,这就是磁暴的恢复相。

上述磁暴的物理机制,是贾普曼、费拉罗、帕克等人理论研究的结果,已为现代的空间观测所证实。

除了磁暴这种突然性的变化外,地磁还有长期的变化。

通过长期的观测,发现地磁强度具有 11 年左右的周期性变化,而这个周期正是太阳活动的基本周期。

图 5.7 清楚地显示出地磁活动与黑子活动的相关性。u 为地磁指数,R 为黑子数。二者的年均值曲线趋势是一致的。

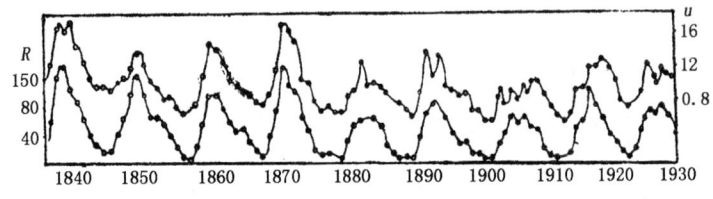

图 5.7 地磁活动与太阳黑子周期的相关性

此外,地磁活动还具有 27 天左右的重现性。或者说是 27 天的周期性。1858 年 J.A. 布朗发现磁暴具有约 27 天重复出现的倾向。后来,蒙德尔、C. 克利、巴特尔斯等人的分析证实了布朗的发现。克利从地磁记录中选出磁情指数 $C=2$ 的日期作为"零日",然后计算"零日"前 5 天和后 35 天的每天磁情指数 C,用时序叠加法,得到一条曲线,显示出地磁变化 27 天周期(图 5.8)。在"零日"后第 27 天,又出现一次 $\overline{C}$ 的极大值,但比零日的 $\overline{C}$ 值要小些。而在零日后第 54 天、81 天、108 天也都存在极值,不过幅度有所差异。

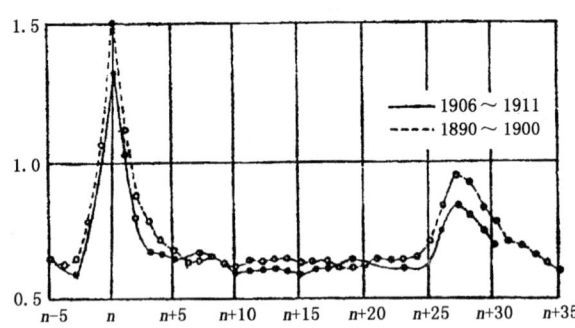

图 5.8 磁扰的 27 天周期

(曾治权等　1989)

现已查明,地磁活动的 27 天重现性,是由于太阳上的冕洞随太阳自转造成的。冕洞是高速太阳风的发源地。太阳自转的平均周期约为 27 天,所以每隔 27 天,就有一次地磁扰动。

电离层变化

电离层的结构

电离层是地球高层大气中含有大量自由电子和离子的电离化区域,高度从 60km 到 1000 多 km。从整个地球来看,它可说是一个环绕地球的带电粒子层。

电离层介质是由电子、正离子、负离子和中性粒子组成的气体混合物,电离层由于能反射短波无线电波,而被人们所重视。

电离层主要是由太阳紫外辐射作用产生的。紫外线使高层大气的分子、原子离解为自由电子和离子,累积在那个高度上,就组成电离层了。通常,用电子浓度 n(即单位体积内含有的电子数)来表示空间某处的电离程度。

观测结果表明,电离层的电子浓度随高度而变化。简单说,从 60km 高度开始,电子浓度逐渐增加,大约到 300km 高度达到最大值,后来又缓慢地减小。图 5.9 显示出大概的情况。通常将电子浓度比较集中的几个层区,称为 D 层、E 层和 F 层,F 层又分为 F_1 层和 F_2 层。D 层在夜间消失。F_1 和 F_2 层在夜间合而为一层。参见表 5.2。表中的高度是指对应于最大电子浓度的高度。实际上各层的分界并不明显。而且它们的高度也有所变化,依赖于太阳辐射及银河宇宙线的变化。

在探讨无线电波的传播中,时常要用到电离层的电波临界频率(以 f_c 表示)。在电波垂直向上投射时,能穿透电离层,而不能反射回来的电波频率,就是临界频率。因为各层的电子浓度不同,故

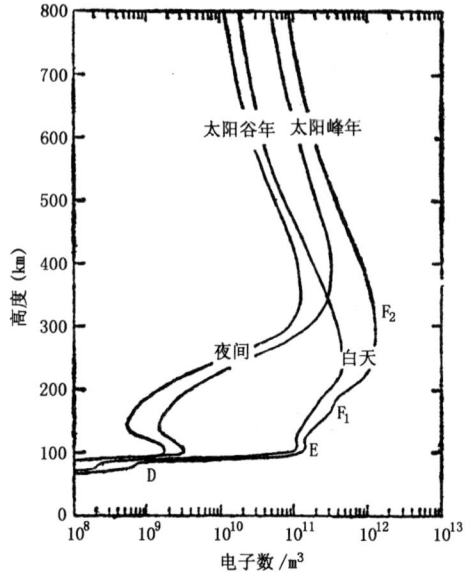

图 5.9 中纬度地区电子浓度随高度的分布

(曾治权等 1989)

表 5.2 中纬度地区电离层的基本状况

	高度(km)	最大电子浓度(电子数/m³)	附 注
D	70～90	10^9～10^{10}	夜间消失
E	100～120	2×10^{11}	电子浓度白天大,夜间小
F_1	160～180	3×10^{11}	多半在夏天的白天存在
F_2	300～450	1×10^{12}	冬季 电子浓度白天大夜间小
	250～350	2×10^{12}	夏季 冬大夏小

各层对应的临界频率也不一样。设最大电子浓度为 n_m,临界频率 f_c 以兆赫为单位,它们之间的关系为:

$$n_m = 1.24\times 10^{10} f_c^2 \quad (\text{电子数}/\text{m}^3)$$

人们正是通过电波临界频率的测量,去推算出不同高度的电子浓

第五章 太阳活动与地球环境变化

度的。

实际上,电离层的构造比较复杂,有时在正常电子浓度分布背景上还夹杂着或漂浮着各种不同尺度的、不均匀电离体或电离云块。这称为电离层的不均匀结构,假如电离层没有这种不均匀结构,那么通过它的无线电波信号是稳定的。反之,有这种不均匀结构,势必使电波信号的强度和相位发生程度不同的变化。人们正是通过电波的传播研究,来了解电离层的不均匀结构的。

电离层的变化十分复杂,归纳起来有两类:一是规则变化,一是干扰变化。

有规则的变化有:周日变化、周年变化(或叫季节变化)和以太阳活动 11 年为周期的变化。此外,还有随地区不同的变化(中纬度与高纬度上空的电离层状况不一样)。图 5.10 表示 1957~1981 年武汉电离层观测站的 F_2 层临界频率的变化情况,图中 $\bar{R}$ 曲线是太阳黑子数变化曲线。可见两条曲线的变化趋势一致,显示它们有密切相关。在太阳活动高年时电子浓度高,低年时浓度低些。

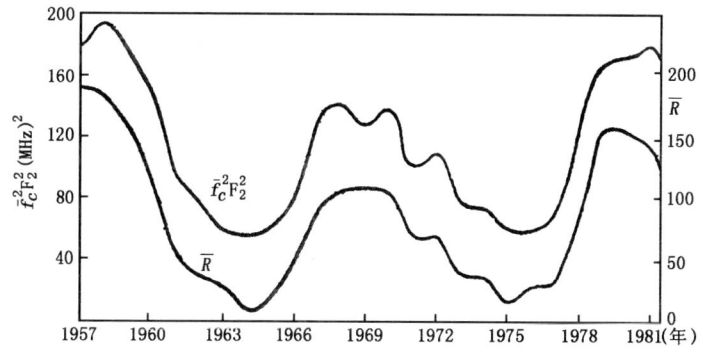

图 5.10 F_2 层临界频率 $\bar{f}_c$ 与黑子数 $\bar{R}$ 曲线

(曾治权等 1989)

电离层扰动

电离层的不规则变化,是由太阳活动所引起的一种扰动,故通称为电离层扰动。依据发生的形式可分为下列几种:

- 突发电离层骚扰(SID)

突发电离层骚扰,依据其英文原名,简称为 SID 现象。平常,太阳比较宁静时,电离层 D 层稳定。但是,太阳上发生耀斑爆发时,辐射出的紫外线、X 射线大为增强(1~8Å 的太阳 X 射线可增加到宁静太阳时的 1000 倍)。它们具有很强的穿透力,可直达大气低层,从而使 D 层的电子浓度大为增大,可增大 1~2 个数量级。在这种附加的电子浓度的作用下,会引起一系列的突然骚扰现象:

短波突然衰落(SWF) 短波无线电波是通过 F 层的反射而传到远方的。但在电波经过 D 层时,D 层突然增多的电子将电波吸收,就引起电波的衰减。D 层电子浓度越大,受衰减的频率就越高。如果电子浓度特别大,电波全被吸收掉,那么短波无线电通讯将发生中断。电离层的这种突然骚扰,只发生在阳光照射的半个地球上。当太阳接近天顶时,其影响最大。例如 1972 年 8 月 4 日,云南天文台观测到一个大耀斑(4 级),开始时间是在 14 时 25 分(北京时间)以前,极大时刻为 15 时 43 分,结束时刻为 15 时 53 分。在此期间,北京国际通讯台所有对国内、国外的短波电路在 14 时 25 分时都中断了。后来,对东京的电路于 15 时 10 分恢复,对上海的电路 15 时 25 分恢复,对科伦坡的电路在 15 时 38 分恢复。需要指出的是,在发生突然干扰时,电离层(D 层)的高度下降,长波的无线电通讯反而得到加强,沿地表的"通道"似乎更畅通无阻了。

宇宙噪声突然吸收(SCNA) 当接收高于 F 层临界频率的宇宙噪声时,会发现信号突然衰减。这是由于 D 层增大的电子浓度所造成的。人们用一种电离层相对混浊仪去测量宇宙噪声的功率变化,进而推算电离层的电离度,该仪观测频率为 27~30MHz。

突发相位异常(SPA) 在平常,甚长波的地波与由 D 层反射的天波之间有一定的相位差。但在电离层突然骚扰时,天波与地波之间的相位差发生变化。这就是 SPA。

天电突然增强(SEA)和信号突然增强(SES) 太阳大耀斑发生后,引起 D 层电子浓度突然增大,D 层高度降低,使地面接收到的远方雷暴造成的极低频(10~50kHz)天电信号突然增强。同样,收到的长波和超长波(10~50kHz)信号加强。

频率急偏(SFD) 耀斑发生后,E 层、F 层电离度突然增大,使得接收到的由 F_2 层反射的电波的频率突然增加,到达一个峰值后,又衰减到原来的频率。有时会有几个峰值。

- 极盖吸收事件(PCA)

太阳耀斑发射的高能量(约 10~100MeV)粒子(主要是质子)进入南北磁极上空,会穿至电离层的低层(主要是 D 层),使 D 层电子浓度增加。如果有电波通过极区,就会被吸收,而发生讯号衰减,甚至中断。这种现象就称为 PCA 事件。

观测表明,极盖吸收事件多发生在大耀斑出现后 15 分钟至几小时。比前述的 SID 要晚得多。因为 SID 是紫外辐射引起的,光只要 8 分多钟就能从太阳射至地球。而 PCA 是粒子辐射引起的,粒子流的速度最大也不过每秒几千公里,故此比较晚发生。

极盖吸收事件的持续时间为几小时至几天。在此期间,极区的短波被完全吸收可达数小时之久。主要影响俄罗斯与北美之间的通过极区的通讯。

- 电离层暴

太阳表面局部区域发生扰动(如出现大耀斑)期间喷发的大量带电粒子同地球高层大气发生相互作用,使 F_2 层状态出现异常变化,称为电离层暴。电离层暴发生在太阳扰动出现 1~2 天之后,持续时间由几小时至几天。电离层暴常常伴有磁暴与极光的发生。电离层暴按其形态分为三种类型:正相型(F_2 层临界频率上升)、负相型(F_2 层临界频率下降)和双相型(F_2 层临界频率既有上升也有下降)。在中、高纬地区,一般以负相型为主;低纬地区以正相型为主。中、高纬地区的电离层暴强度大,持续时间也长。

电离层暴出现的次数和强度有 11 年左右的周期变化(跟太阳活动基本周期密切相关),显著的年变化(春秋分电离层暴出现次数较多)和 27 天的重复性。

电离层暴时,电离层的结构受到了严重的破坏,层次不清,呈混乱状态。E 层和 F 层的最大电子浓度变化很大(见图 5.11)。此时靠 E 层和 F 层作为反射层的短波无线电通讯受到严重干扰,信号不稳定。

地磁暴与电离层骚扰有密切的相关。一般是磁暴发生后电离

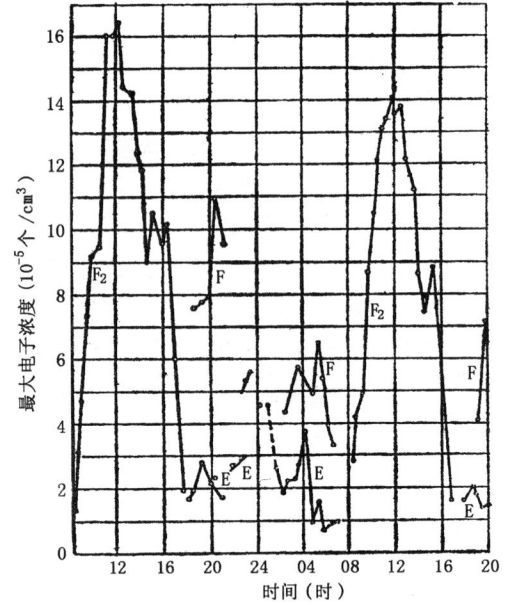

图 5.11 强烈磁扰期间电离层各层
最大电子浓度随时间的变化
(曾治权等 1989)

层骚扰开始,而磁暴结束前电离层骚扰已经终止。磁暴开始时变幅

最大期间,电离层骚扰也大。

极 光

极光的概况

在高纬度地区的人们,比如冰岛、挪威的人们,夜间常看到天空中出现彩色的光幕,形状与色彩瞬时在变化着,那就是极光。出现在北极上空的称为北极光,同样,也有南极光。习惯上通称为极光。当然,人们研究较多的是北极光。白天也有极光,只是由于阳光明亮不容易看到罢了。

我国是世界上最早进行极光观测和研究的国家之一,有着世界上最丰富的历史记录。据考证,在传说的黄帝时代,就出现过"大电光绕北斗枢星",在周朝有"云明如昼"、"五色光贯紫微"的记载。在我国史书中,多用天裂、天开、天开眼、赤气、赤白云气等称呼极光。

极光有强有弱。强的极光在中纬度甚至低纬地区也能看到。历史上一次强极光(1770年9月17~19日),南到我国长沙都曾看见。1572年1月17日在北京地区见到极光。公元937年2月14~15日在河南开封一带见到极光。不过,我国见到极光最多的地区是黑龙江省的漠河与新疆的山口地区。那里的气象台兼作极光的观测。

极光的形态、亮度、颜色和位置都是变化多端的,很难对它进行分类。如果按形态来分,极光可分为4种几何形状:①均匀的较稳定的光弧光带,厚度几公里至几十公里,长达1000km,移动速度慢;②带有射线式结构的光帘幕、光弧、光柱和光带等,日冕状光块也属于此类。平均厚度约200m,长数十至数百公里,移动速度快(50km/s);③弥漫状极光,主要指云形斑块群,每块光斑面积在

100km² 左右,亮度最低,只有很强的弥漫状极光才能被肉眼看见;④大的均匀光面,常见的红色极光光面就属于这一类。

如果按观测的电磁波波段来分,可分为光学极光和无线电极光。光学极光,主要为可见光极光,此外还有 X 射线、紫外、红外极光。可见光极光又可细分为三种类型:①红色极光(A 型),多为弥散状光弧光面,一般分布在 200~400km 高空,个别可伸向 1000km;②白绿色极光(普通型极光),没有固定形状,很多为射线式结构,分布高度下缘在 100km 左右,上限为 140~180km;③下缘为红色的极光(B 型),多为射线式结构,分布高度下缘在 90~110km 左右,但个别的低至 65km。

从极光的激发源来分,极光可分为电子极光与质子极光。上述的可见光极光都是电子型的,但电子的能量有所不同,形成 A 型极光的电子能量低于 1000eV,形成 B 型极光的电子能量甚高,在 1~3 万 eV。而产生普通型极光的电子能量为 1000~2000eV。高能电子将氧电离了发出波长为 5770Å 的光,而人眼最敏感的光波波长为 5550Å 左右。故此容易看见普通型极光为白绿色或浅黄绿色。质子极光是指由高能质子(能量在 1~10 万 eV)引起的极光,数量很少,只在太阳活动峰年段有大耀斑后才可见到。

极光按发生区域划分为极光带极光、极盖极光和中纬度极光红弧。极光带极光通常指磁纬 60°~70°间的极光;极盖极光分布在磁纬 75°~90°地区;中纬度极光红弧分布在磁纬 40°~60°地区,仅在太阳活动很强时才有,并且与大的磁暴同时出现。

极光与太阳活动的关系

早已发现极光的出现与太阳活动强弱有密切的关系。从长期来看,极光出现的频次具有 11 年左右的周期性,这个周期正是太阳活动的基本周期。如果将每年的极光频次与太阳黑子数点在图上,二者随时间变化的曲线趋势是一样的。但是黑子曲线的峰值和谷值比极光曲线的峰、谷值要超前 1~2 年。我们知道,太阳耀斑的

第五章 太阳活动与地球环境变化

峰值也在黑子峰值后 1～2 年。可推知,极光跟太阳耀斑的关系是十分密切的。而极光跟太阳黑子本身则无甚关系。图 5.12 显示 1840～1896 年在澳大利亚观测到的每年极光出现的日数同太阳黑子数的关系。两条曲线几乎是平行的。

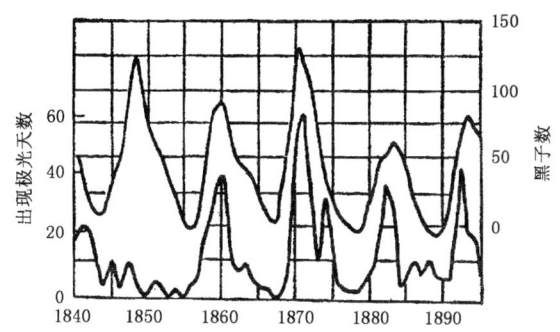

图 5.12 极光出现的日数(下曲线)
和黑子数(上曲线)的比较图
(张元东,李维宝 1989)

跟地磁活动性一样,极光也有 27 天循环出现的趋势。

从短期看,在太阳出现耀斑后,一般都出现极光,并且极光的强度随耀斑的增强而增大,可见极光的地区也扩大到中低纬地区。

这些观测规律,理论已作出明确的解释。极光是由太阳喷发出来的带电粒子(质子和电子)在地球磁场磁力线的引导下,进入地球高层大气,并与那里的原子、分子相互作用而产生的一种发光现象。相互作用是比较复杂的。但是我们知道,报告所处的空间恰好是电离层。那里的氮和氧大多以离子形式存在。实验室的试验表明,激发态的氧原子可以发射出波长为 5577Å 的绿光,以及 6300Å、6364Å、6392Å 的红光。激发态的氮分子可发射波长为 3998Å、4059Å 的紫光,以及 6500～6800Å 的红光。而离子态的氮分子能发射波长为 3964Å、4278Å、4708Å 和 5225Å 的紫蓝光。这样,我们就可以推知为什么极光有各种颜色了。至于极光中有白色的部分,那是各种波长的光混合作用形成的,就像太阳光一样。

现在的问题是地球周围有磁层保护,太阳风粒子怎么能进入极区上空呢?

磁层并不是铜壁铁墙,在强太阳风时,难免有些高能粒子穿透过来。但研究表明,另有些特殊的通道。一个是在磁层头部和磁尾磁力线的交界处,像个喇叭口,称为极尖区。在这区域内,磁场强度接近于零,太阳风粒子可以进入。另一个通道是磁尾中的中性片,那里没有磁场,能量大的太阳风粒子从中性片进入转到极区上空,产生极光。

臭 氧 洞

臭氧洞的危害性

自从1985年发现了南极上空的"臭氧洞"后,立即引起了世界科学家与各国政府的关注。因为这个现象以及随后发现的欧美上空臭氧层变薄现象,势必增加地面的太阳紫外辐射。臭氧层能吸收大量的太阳紫外线,使生物免受其害。如果紫外线大量抵达地面,能直接破坏人体免疫系统,使皮肤癌病人增加。如臭氧总量减少5%,皮肤癌发病率可能增加10%。此外,还会对植物造成严重威胁。试验表明,紫外辐射增强,使大豆产量下降20%~25%,大豆中蛋白质与油含量下降5%与20%,其他植物的产量与质量也都有下降现象。臭氧层变薄,还会使平流层变冷和地面变暖,加剧了气候变暖现象。如果不设法阻止臭氧层的破坏,则最终会导致地球生物链大破坏,人类自身也难生存。因此,"臭氧洞"扩大及臭氧层变薄是值得注意的。

臭氧洞概况

地球大气的平流层中有一层薄薄的臭氧层。在标准状态下,全球臭氧层的平均厚度(习惯上称之为臭氧总量)约为 0.3cm 或者 300DU(陶普生单位)。从 1926 年在欧美建立 6 个臭氧观测站以来,目前全球已建立了 300 多个地面站。我国在北京、昆明等地有观测站。

1985 年 J.法曼等人在英国《自然》杂志上发表文章,指出南极哈利湾站($75°31'S, 26°44'W$)臭氧总量在春季(10 月)有明显下降现象,接着,美国雨云 7 号卫星的观测证实了南极大陆上空臭氧总量在减少,减少量达 30%~40%。在臭氧减少最大的地方,好像是个"洞",故称之为"臭氧洞"。

图 5.13 表示南极上空臭氧洞(10 月)的逐年演变情况。由图可见,小于 200DU 的范围已相当大。在臭氧洞中心附近已减少到 180DU 以下。当然,每年是不一样的。1985 年的臭氧洞最大,而 1979 年的最小。

J.法曼等人指出,在观测到臭氧减少的同时,南极地区的高空温度结构等环流要素以及大气动力过程并没有发生明显的变化。那么,为什么会产生"臭氧洞"呢?

从臭氧的形成和破坏过程来看,臭氧是氧吸收光子能量 $h\upsilon$(h 为普朗克常数,υ 为频率)及第三者的作用形成的,主要反应为:

$$O_2 + h\upsilon \longrightarrow O + O \qquad ①$$

$$O + O_2 + M \longrightarrow O_3 + M \qquad ②$$

式中 M 表示第三体,起催化作用。

反过来,可能有两种过程,即:

$$O + O_3 \longrightarrow 2O_2$$

$$2O_3 \longrightarrow 3O_2$$

臭氧转化为氧分子了。作这种转化,一般认为是通过微量元素来间接完成的,反应过程为:

$$\begin{cases} X + O_3 \longrightarrow XO + O_2 \\ XO + O \longrightarrow X + O_2 \end{cases} \qquad ③$$

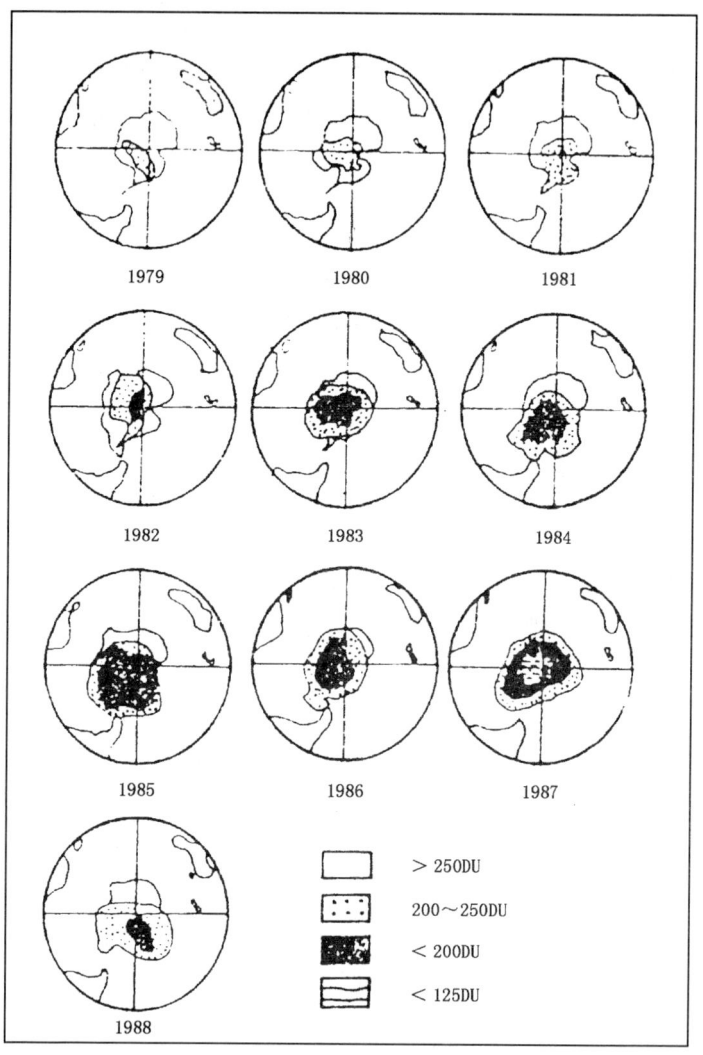

图 5.13 南极地区上空臭氧洞(10月)
的逐年演变
(《高原气象》11卷1期 1992)

第五章　太阳活动与地球环境变化

$$\begin{cases} O_3 + h\upsilon \longrightarrow O + O_2 \\ O + XO \longrightarrow X + O_2 \\ X + O_3 \longrightarrow XO + O_2 \end{cases} \quad ④$$

式中 X 表示微量元素。据研究,主要是氯(Cl)、一氧化氮(NO)等气体。

超音速飞机直接向平流层大气排放 NO_x,也就包含有一氧化氮(NO)。至于氯气,多数科学家认为是由地面氟利昂类冷却剂泄漏入空气中,然后上升到平流层后,由于太阳紫外辐射的作用分解出氯气的。一个氯分子可破坏几千个臭氧分子。

依据这一说法,才有了国际的《蒙特利尔议定书》(1987),1990 年又作了"修订书",要求世界各国到公元 2000 年彻底结束氟利昂类化合物的生产。这样,臭氧层可望得到恢复。可是,至今仍有不少国家并不执行国际公约,其影响是严重的。

臭氧洞与太阳活动

《蒙特利尔议定书》是根据人类活动影响大气这个观点出发的。但是,不少科学家亦指出在臭氧洞及臭氧层变薄上,也不能不考虑到自然活动。由于臭氧层是太阳紫外线所引起的,那么,太阳活动自然会调节臭氧层。

首先,人们发现南极昭和站($89°59'S, 24°48'W$)与南极点站 10 月臭氧总量的变化具有 11 年的周期,这也就是太阳活动的基本周期。

在采用 10.7cm 太阳射电辐射流量代表太阳活动强度时,曲昭厚计算出,昭和站 1965~1976 年间 10 月份臭氧总量与太阳射电流量的相关系数为 0.70,而 1976~1986 年间相关系数为 0.66;南极点站 1965~1976 年间 10 月臭氧总量与太阳射电流量的相关系数为 0.73,而 1976~1986 年间 10 月的相关系数为 0.68(见图 5.14 与图 5.15),统计信度接近 99%。

但是此两个站观测的 2 月份臭氧总量与太阳活动的相关性却很不明显。

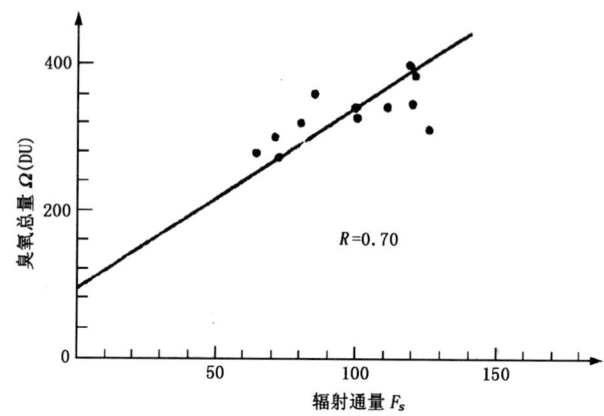

（a）昭和站 1965~1976 年间 10 月
臭氧总量与太阳电磁辐射通量的相关

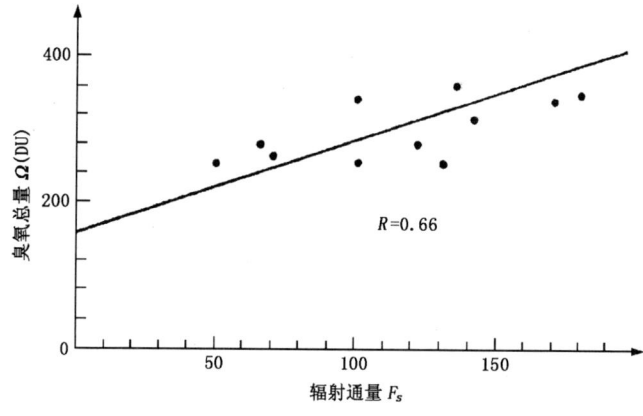

（b）昭和站 1976~1986 年间 10 月
臭氧总量与太阳电磁辐射通量的相关

图 5.14

总的看来，"臭氧洞"（范围、强度与演变）与太阳活动是有关系的。这些研究也证实了魏鼎文提出的"电化学—动力学"理论（参见附注）。

[附注] 魏鼎文于 1990 年提出南极"臭氧洞"成因的新学说，认为主要是太

阳活动引起的带电粒子辐射周期变化的大气电化学过程和南极极地涡旋的动力过程联合作用,形成了南极"臭氧洞"及其演变过程,而人类活动影响居次。这就是一种电化学—动力学理论。他对南极"臭氧洞"未来数年的演变趋势作了较具体的预测,后来几年的实际结果与预报的相符,使该学说得到初步证实。(《高原气象》11(1).P83~84)

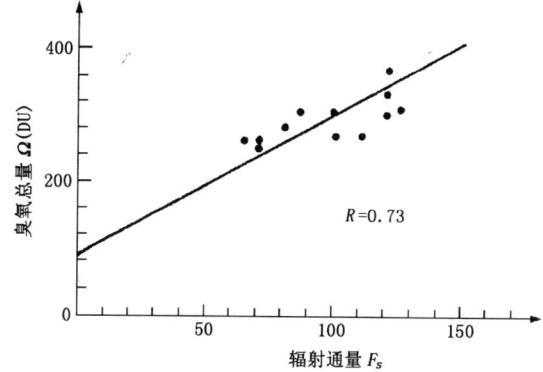

(a) 南极点站 1965~1976 年间10月
臭氧总量与太阳电磁辐射通量的相关

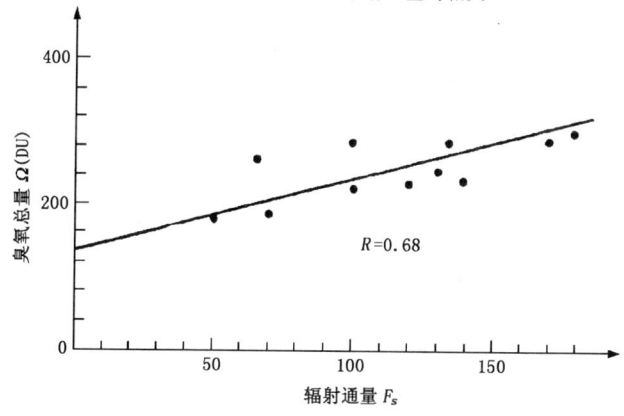

(b) 南极点站 1976~1986 年间 10 月
臭氧总量与太阳电磁辐射通量的相关

图 5.15

太阳活动怎么会影响到"臭氧洞"呢?

观测表明,太阳紫外辐射在黑子峰值与低值间的变化,最大相差可达 20 倍左右。紫外线的变化势必影响到臭氧的形成。此外,太阳活动高、低时,太阳辐射带电粒子也有多、少的不同(差异达 10 倍左右),而带电粒子到达地球时,亦会引起臭氧洞的变化。在地球磁场的作用下,带电粒子进入两极高纬地区(常伴有极光产生),然后与氧发生化学反应,产生臭氧或消灭臭氧。但产生的比消灭的多,因而有臭氧的积存。带电粒子有时多,有时少,因而有臭氧含量的变化。

总之,在太阳活动年较强时,电化学过程产生的臭氧较多,形成较弱的"臭氧洞";而当太阳活动年较弱时,电化学过程产生的臭氧较少,就形成较严重的"臭氧洞"。

但是,气象学家指出,南极"臭氧洞"形成跟极地涡旋很有关系。涡旋是形成的必要条件。南极极其寒冷,平流层从 3 月份开始出现极地涡旋,一直到 7、8 月最强,维持到 10 月。这个涡旋能阻止臭氧的径向交换。原来在中低纬产生的臭氧,不能进入极地,因此极地臭氧就大为减少了。

太阳活动不仅影响到南极臭氧洞,且也影响全球上空的臭氧层。比如北欧地区臭氧总量的变化,冬半年有一个明显的 11 年周期变化,跟太阳活动 11 年周期大体吻合。北半球 10°,20°,…,70° 各纬圈年平均臭氧总量的变化还有 22 年周期。其中以低纬和高纬地区特别明显。

人们还发现,太阳大耀斑(持续时间大于 1.5h 的 2 级以上耀斑)发生后,臭氧总量也相应地发生变化。但仅仅发生冬季(10 月至 3 月),而夏季(4~6 月)出现的耀斑则无甚影响。这种差异,是由于统计资料或其他原因造成,仍需研究。

太阳活动—臭氧层—人类这个链上,仍然有不少问题需进一步研究。不仅在天文学,也在气象学、大气化学上开展研究。其成果将有益于人类的可持续生存与发展。

第六章 太阳活动与气象灾害

太阳活动与天气、气候关系研究概述

太阳与天气、气候关系的研究,最早可追溯到1801年英国天文学家威廉·赫歇尔写的一篇短文。他写到:当太阳黑子较少年,地面上的雨量也少,粮食价格也随之而上涨。可惜他的研究当时并未引起学术界的注意,直到50年后才真正开始了这个领域的研究。在1851年德国业余天文学家施瓦布发现了太阳黑子数目的变化存在着10年或11年的周期(11年左右的周期后人称之为太阳活动基本周期)。同一时期萨宾发现地磁要素的变化存在11年左右的周期,表明太阳变化可能引起地磁变化。那么,太阳活动会不会也引起天气、气候的变化呢?于是这方面的研究便逐步地开展起来了。

1852年,瑞士天文学家沃尔夫首先研究了苏黎世城历史上气象要素和黑子相对数的相关关系,结果发现:当太阳上黑子多时,苏黎世气候较干燥,农业获丰收;而当太阳上黑子少时,气候较潮湿,常有暴风雨造成农业歉收。这一研究引起广泛的兴趣。从此以后,分析历史上各种气象要素和太阳活动 11 年周期的关系,成了当时研究的主流。到 19 世纪末期,以印度洋地区为中心,发现气压、气温、雨量、气旋和风暴等气象参数,都和太阳活动的 11 年周期有着明显的相关。典型的例子如麦德伦对 1824~1876 年四个 11 年周期中世界平均雨量和黑子数所做的相关分析,如表 6.1 所示。由表可见,两者的相关关系是很好的。

表 6.1　1824～1867 年各太阳活动周期中雨量和黑子数的平均变化

11 年周期位相	雨量变化距平	黑子数变化距平
1	−2.0	−38.2
2	−0.9	−22.7
3	+0.8	−5.7
4	+1.9	+33.3
5	+1.9	+41.9
6	+1.8	+30.7
7	+1.1	+13.1
8	+0.2	−1.5
9	−0.5	−12.1
10	−0.8	−21.7
11	−2.0	−28.0

大约在 1924 年美国天文学家海耳发现了太阳黑子磁场变化具有 22 年的周期(简称为太阳磁周期)。这是具有物理意义的变化周期。此后人们就分析气象参数与太阳磁周的关系。

后来的研究表明,太阳活动还有更长的变化周期,如 80～90 年的"世纪周期"、180 年左右的"行星周期"及更长的周期。于是也有人做这些较长期的相关研究,但那些相关分析结果大多比较粗糙,需要进一步精确化。

我国对于太阳活动与天气、气候关系的研究,早在 20 世纪二三十年代,老一辈科学家竺可桢、涂长望等就已进行了开拓性的工作。竺可桢(1926)探讨了中国降水与太阳黑子的关系,得出长江流域的雨量与黑子数呈正相关,即黑子多时雨量多,黑子少时雨量少;而黄河流域则相反,在黑子多时雨量少,黑子少时雨量多。涂长望(1935)分析西南诸省的天气情况,得到黑子多时,7月份雨量比平常年增加甚著,6月反为减少,8月则丰歉不一。当然,限于资料,他们的研究是初步的。直到60年代初我国才有较多的开展。1961年北京天文学会在北京天文馆召开了"太阳活动与我国旱涝关系学术讨论会",引起了大家对这一问题的重视。随着空间科学技术的发展,火箭和卫星探测证实太阳风和行星际磁场等的存在,以及对大气的深入研究,国外日地关系研究有了很大进展。杨鉴初(1962)、王绍武(1962)、朱炳海(1963)等相继发表文章介绍国外有关日—地关系研究的情况,给国内研究以很大推动。在杨鉴初的倡导下,中国科学院大气物理研究所开展了太阳活动对平流层和对流层影响的研究。气象和水文部门也开展了太阳—天气关系的研究,并取得了可喜的成果。可惜在十年"文革"中我国科技停滞不前,太阳—气候关系的研究也处于停顿状态。但从全国科学大会召开以后,各方面的研究又蓬勃开展起来。从中央各科研单位到地方气象台、水文站,有不少人在作"太阳—气候关系"的研究,其中有不少成果已应用于长期和超长期水文气象预报中,并取得一定经验。

与此同时,国内外也在探讨"日—气关系"的物理机制问题。这是目前科学上的难疑之一。经过许多人的努力,目前集中讨论的有下列几种机制:

大气臭氧的屏蔽作用 平流层的臭氧层对来自太阳的紫外辐射和银河宇宙线起着一种能量的调制作用。紫外辐射强时,它引起的全球臭氧产生量也最大,与此同时,银河宇宙线强度最小,由它产生的一氧化氮对臭氧的破坏程度最小。而臭氧浓度的多少会引起高层大气的温度变化,进而可能影响对流层天气活动。但有不少过程仍需研究。

卷云的屏蔽作用 W.O.罗伯特和R.M.奥尔松提出这个机

制。他们认为,太阳高能粒子在300hPa附近产生电离而形成卷云。这种云覆盖层阻止来自地面的热辐射,在对流层上部造成较大的温度梯度,从而导致大气环流的变化。不过,由于大气电离的原因是多种多样的,同时卷云的形成过程亦很复杂,这种机制还有待进一步考察。

风暴路径的移动 D. B. 穆尔德里提出,当地磁扰动时,电离层主槽向南移动。电离层主槽和极涡有密切关系,当主槽南移时,极涡也随之南移。极涡南移使冷空气向中纬度输送,促使与急流有关的低压风暴路径向低纬度移动。在太阳活动峰年,磁暴经常出现,电离层主槽、极涡和气流将频频南移,由此可以解释美国和中欧上空出现的较多的风暴天气以及低层大气的温度变化。

重力波反馈机制 C. O. 兴斯提出的一种颇有特色的机制。他认为,对流层内气象现象产生的能量可以通过重力波向上传播。在一定条件下,高层大气将把这些波向下反射,并与原来的重力波发生干涉。如果干涉的结果是加强,则将使原来的气象现象放大,这意味着高层大气对太阳活动有很好的响应。如果这种响应能够改变高层大气对重力波的反射特性,则太阳活动就会对对流层产生间接的影响。

雷暴的触发机制 这是目前认为最有希望解释太阳活动与天气之间关系的联结机制。这个假说避免了太阳常数变化小,不足以推动天气活动能量的解释,而是从空间电学上用电磁理论来解释。频繁发生的雷暴给大气提供能量,而雷暴与太阳活动有密切关系。这方面的研究方兴未艾,本书将在后面有较详细的叙述。

"日—气关系"的若干事例

天气与气候的主要参数是雨量、气温与气压等,下面就分别来加以叙述。

太阳活动与降水量的关系

众所周知,非洲维多利亚湖水位(热带降雨的间接指数),在1880～1930年间跟太阳黑子的11年周期呈正相关(图6.1),因而使很多人承认,降水同太阳活动有密切关联。可是从1930年后,这种相关不存在了,又使人怀疑上述看法。由此看来,太阳活动与降水的关系是相当复杂的,它可能随时代、随地理位置而有所差异。

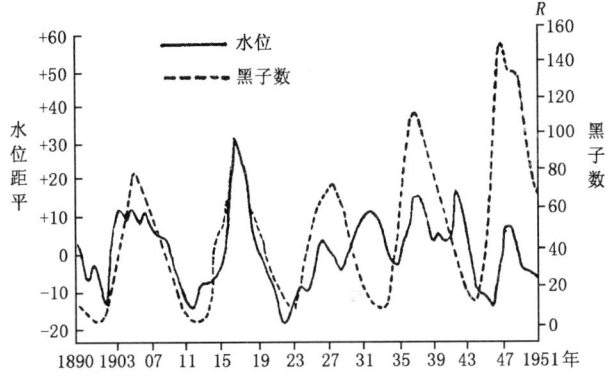

图 6.1 维多利亚湖水位与太阳活动 11 年周期

(张元东,李维宝 1989)

对于维多利亚湖水位关系的转变,我国气象学家林学椿的研究结果能给予解释。他得到在20世纪二三十年代,太阳活动与气候关系经历了一个转折阶段,在此之前与之后各种关系是不一样的。

就全球范围来说,太阳黑子数和年雨量的相关关系可以是正的、负的或没有关系,这决定于观测的地区。

例如 H. H. 克莱顿对巴西、非洲及印度尼西亚的一些台站(福塔莱萨(a)、累西腓(b)、巴瑟斯特(c)、蒙巴萨(d)及雅加达(e))的雨量资料用周期叠加法分析,表明在赤道地区是正相关,即太阳黑子峰年比谷年时一般有较多的雨量。而对中纬度(20°～40°)的一些台站(圣地亚哥(f)、布宜诺斯艾利斯(g)、火奴鲁鲁(h)、兰山(i)、叶卡捷林堡(j))却呈反相关。在太阳黑子峰年附近的雨量比谷年附近的要少一些(图6.2)。

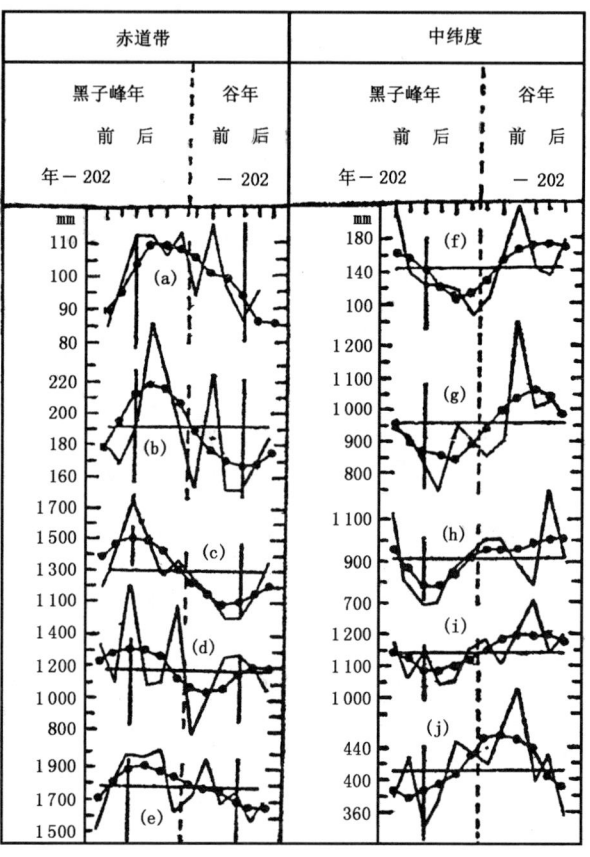

图 6.2　赤道及中纬度站点 1860～1917 年平均雨量和
黑子数峰、谷年的关系
实线为年平均雨量;点线为 5 年加权滑动
平均后点绘在中心年的平均年雨量
(霍尔曼等　1984)

第六章 太阳活动与气象灾害

布文·E.G.(1975年)指出,前苏联的一项研究发现,太阳黑子与降水的关系在前苏联阿尔汉格尔是正相关,而希腊雅典为负相关。

克莱顿分析了尼罗河1737～1908年中200余年的水位高度与黑子活动间的联系。他发现在1737～1800年间,最高水位发生在黑子最多后一年,最低水位在黑子最少前约一年。而在1825年后,最高水位落后于黑子最多约两年。1928年沙乌找出尼罗河洪水和黑子数间的相关系数为+0.36。

美国中西部干旱的发生与黑子的海耳周期有明显的联系。内布拉斯加州1820～1955年间根据树木年轮资料得出的连续8次干旱都出现在黑子极小值附近(图6.3)。罗伯特据此关系,作出1974年美国中西部将有干旱的预报,后来得到证实。这个预报的成功震动了整个美国科学界,促使更多的人去探索太阳－气候关系。1976年英国和欧洲大陆遭到100多年来最严重的一次干旱,而1976年却是太阳活动的低值年。这些情况都强烈地支持干旱发生与黑子磁周间的一种联系。

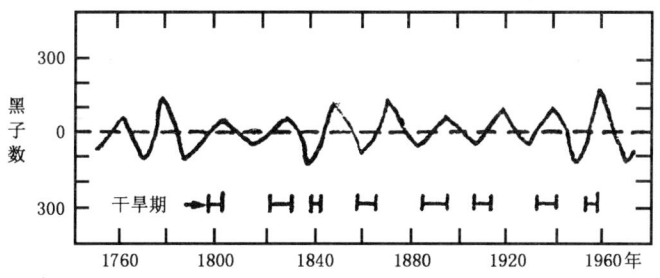

图6.3 内布拉斯加州西部干旱的发生和海耳周期的对照

(霍尔曼等 1984)

太阳活动与气温的关系

地表的大气温度跟太阳活动的关系的研究,已取得了一些成果。人们了解到气温的变化不仅跟太阳的 11 年周、磁周有关系,也跟太阳的更长期变化有一定关系。

- 太阳活动的基本周期关系

1914 年 W. 柯彭按照他所收集到的长期温度资料,在跟太阳活动趋势作比较时,发现 1804～1910 年间,全球年平均温度在黑子峰年比谷年低一些。这是一种负相关联系。这种负相关的情形在将资料分成热带与南、北温带三个地区后仍然有效。后来一些人的研究也证实了柯彭的发现。但是,如果就几个世纪的时间尺度来说,全球气温与太阳活动的关联,似乎是正相关的关系。这是美国科学家 J. A. 艾迪在 1976 年提出的,我们将另作评说。

1969 年 M. I. 布迪科作出 1880～1968 年期间北半球年平均温度曲线图(图 6.4)。图上用矢号标出黑子的峰、谷年(这段时间里包括了柯彭统计过的期限)。从图可见,最低温度都出现在黑子多年或其附近的时候;最高温度出现时间则相反(仅 1964 年谷年出现了低温,可能跟太阳活动的长期趋势有关)。

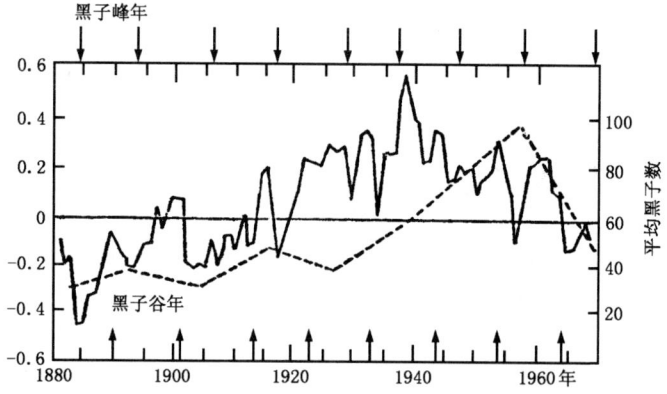

图 6.4 1880～1968 年北半球年平均温度(实线)与点绘在周期峰年的年黑子数的 11 年均值(断线)的比较

(霍尔曼等 1984)

由于地理位置的不同,气温与太阳活动的相关关系可能不一样。比如,英国伦敦年平均温度5年滑动平均和黑子数呈正相关关系(J.W.金等,1974),见图6.5。可是资料只有两个11年周(1938~1958),欠全面。

不少人讨论了温度的22年关系。杨鉴初(1962)研究了1909~1958年间我国大范围温度变化与太阳活动的关系,发现在太阳活动双周(16周、18周)中夏半年较暖和,在单周(15周、17周、19周)中较冷。可能与太阳活动磁周有关。

张先恭、孔翼(1963)分析了1909~1968年中全国气温等级值的演变,发现我国大范围温度长期变化的三次高峰(相当于低温)都出现在黑子主多年附近(如1917年、1937年、1958年),而三次低谷(相当于高温)都出现在黑子次多年附近(如1906年、1928年、1947年),表现了明显的22年左右的磁周期。图6.6为全国温度等级平均值在22年周期内的分布(以主高年为中心)。可见在

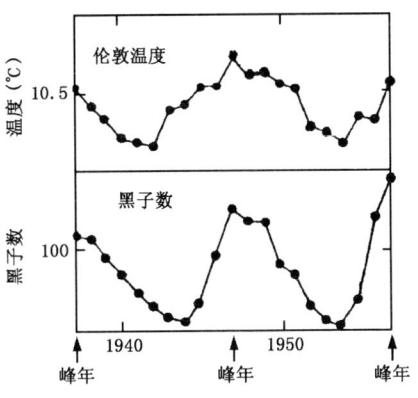

图6.5 伦敦的气温与黑子数的比较
(霍尔曼等 1984)

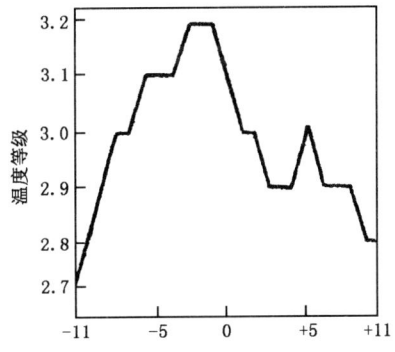

图6.6 全国温度等级
平均值的22年周期
(张家诚等 1976)

黑子主高年附近,全国大范围温度偏低;在黑子次高年附近则相反,全国大范围温度偏高。后来他们(1975)又发现大范围冷暖期转变的年份,几乎在太阳活动最强年份或其前后 1~2 年。

· 太阳活动的长周期关系

历史时期的气温变化与太阳活动的长周期可能有关系。

1961 年竺可桢把史书上记载的各世纪太阳黑子次数,与世纪严寒冬季次数进行比较,发现第 4、第 6、第 9、第 12、第 14 世纪黑子记录次数都比较多,其中除第 4 世纪缺资料外,也是严冬最多的世纪,见表 6.2。竺氏还指出,20 世纪以来,北京在黑子最多年,冬多为严寒,如 1957 年、1947 年和 1917 年冬天都很冷(参见表 6.3)。

表 6.2 中国古代黑子记录与极光记录

世纪	2	3	4	5	6	7	8	9	10	11	12	13	14	15	16	17	18
黑子次数	2	1	21	2	12	0	0	9	2	5	28	7	19	0	1		
极光次数	1	1	3	4	6	1	9	6	4	22	30	9	15	0	7		

表 6.3 严冬次数(竺氏统计)

世纪		6	7	8	9	10	11	12	13	14	15	16
严冬次数	中国	19	11	9	19	11	16	24	25	35	10	14
	欧洲	—	—	—	11	11	16	25	26	24	20	24

陈彪(1970)提出一种太阳活动指标(用 A_N 表示),它等于太阳活动峰值(R)与周期长度(T)的乘积。对于第 N 周有 $A_N = R_N \cdot T_N$。为研究较长期的规律采用 9 周(相当于 100 年)修匀,得 $\overline{A}_N$ 值。然后以 $\overline{A}_N$ 作图,再跟竺可桢(1973)、张家诚(1974)所发表的我国气温变化曲线进行比较,发现两者之间有很好的对应关系。我国历史上的大冷期(如 1470~1520 年、1620~1720 年), $\overline{A}_N$ 均有

大幅度下降；而在温暖期(如 1550～1600 年、1720～1830 年)，$\overline{A}_N$ 则有明显上升。此外，他还发现太阳活动对气候变迁的影响，有一个平均 70 年的迟滞期(有时长些，有时短些)。

张先恭等(1978)对祁连山圆柏年轮的分析中(图 6.7)，发现在太阳活动的斯波勒极小期(1460～1550 年)及蒙德尔极小期(1645～1715 年)时，我国气候均处于寒冷时期。特别是 1650～1700 年的 50 年，是最近 500 年来最寒冷的时期。当时太湖、汉水和淮河均结冰四次，洞庭湖结冰三次。鄱阳湖也曾结了冰。江西经营千年的橘园和柑园，在公元 1654 年和 1676 年的两次强烈寒冬中完全冻坏了。

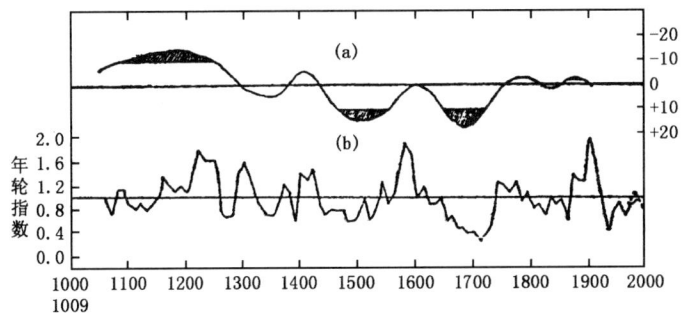

图 6.7　祁连山圆柏年轮指数的变化(b)
与艾迪的太阳活动(部分)曲线(a)的比较

(张先恭　1979)

• 太阳活动的短期效应

1961 年杨鉴初根据 1909～1952 年期间 72 次大磁暴(D 的变化范围 $>6'$，H 或 Z 的范围 $>300\gamma$)，分析其前后 90 天内我国 9 个气象站逐日温度的变化。发现在大磁暴后一个月内地面温度有显著的升高现象，特别在第 10 天、第 16 天、第 24 天升高最明显。并且大磁暴之后第 45 天及第 75 天前后，我国各地大气温度均表现出再次升高现象，它们的间隔日期平均为 27～28 天，恰好与太阳自转周期一致。

杨鉴初等还发现,太阳大耀斑爆发常常引起平流层发生突发性增温。在几天之内温度上升 20～30℃。强烈的增温和平流层环流的改变连在一起。

S.拉玛克施纳和 D.F.希思于 1977 年发表了 1975 年从弗吉尼亚州沃洛普斯岛释放的 125 个探空仪观测结果的分析,得出在磁暴以后,在 35km 和 65km 高度之间温度增高约 10℃。早些时候,他们据火箭探空仪测量到平流层的温度,指出在地磁活动增强之后,高纬区在 61km 和 90km 高度之间的温度增高。但在热带不存在这种效应。

梁幼林、王莲英(1982)发现,太阳磁扇形边界扫过地球时,引起西藏高原地区温度下降(幅度约 1.5℃)。降温过程的反应时间为 5 天。

太阳活动对气温的短期效应,已引起不少人的注意。进一步的研究,将有助于"日—气关系"的物理机制的解决。

太阳活动与气压及环流的关系

20 世纪初就有人探讨地面站的气压与太阳黑子周期的联系问题。S.N.沙乌(1928)对全球的 87 个地点计算了年黑子数和年平均地面气压间的相关。他得出 39 个站为正相关(黑子峰年时气压较高),其中最高的 10 个站相关系数大于+0.24,另有 48 个站为负相关,其中 15 个站的相关系数大于-0.20。这些相关的显著性是微弱的。这意味着控制气压除了黑子数外,还有其他的影响。

H.H.克莱顿(1923)分析了 1858～1920 年间的 5 次峰年与 5 次谷年的平均差值,绘出了全年、夏季(6～8 月)与冬季(12 月至次年 2 月)期间全球气压差值分布图(略)。从此三个图可以明了,当黑子数较多时,在两半球冬季(北半球为 12 月至次年 2 月,南半球为 6～8 月)的大陆上与夏季的大洋上气压是高的。

1949年H.C.威列特根据1843～1931年的世界气候资料,分

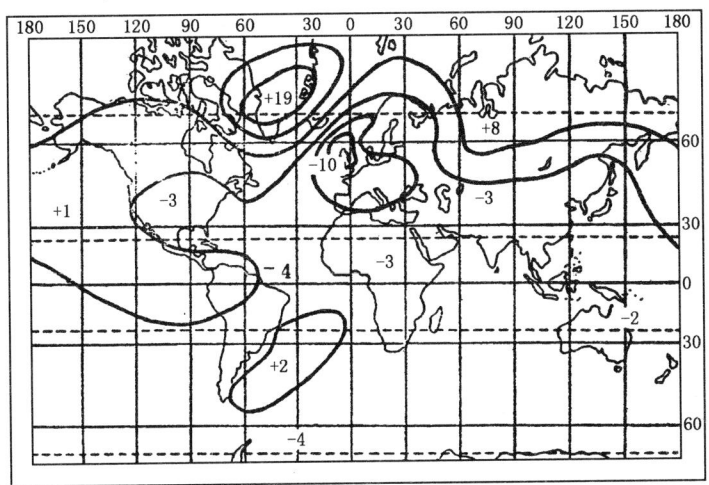

(a) 太阳活动单周中,冬季气压变化

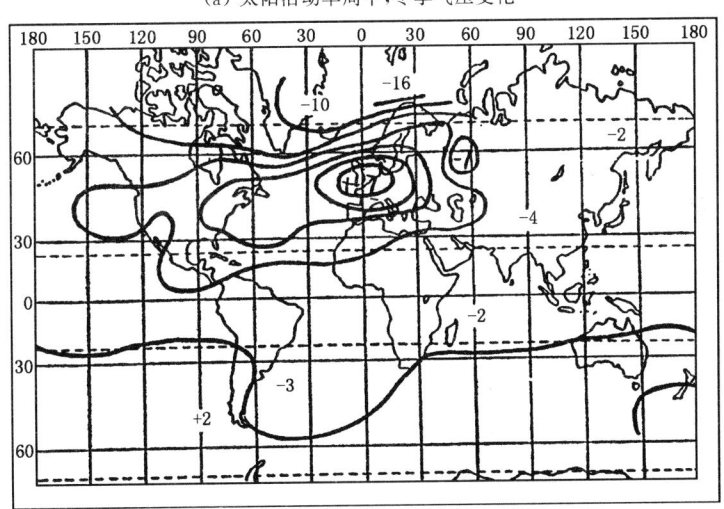

(b) 太阳活动双周中,冬季气压变化

图 6.8

(张家诚等 1976)

单周(9、11、13、15、17周)和双周(10、12、14、16周)计算了全球冬季气压、气温和降水量的变化。就气压来说,他得出在单周中,当太阳黑子从最少到最多年(即由 m 到 M 年),北半球高纬度气压上升,中纬度气压下降,纬向环流减弱(图 6.8(a)),而在双周中相反,纬圈环流增强(图 6.8(b))。这说明气压的变化具有明显的海尔周期。

我国王绍武研究了大气环流、大气活动中心位置多年变化与太阳活动的关系,进一步指出 22 年振动是普遍存在的。特别是西风环流指数,无论冬季或夏季都表现得十分明显。对北半球来说,在太阳活动的单周峰年西风环流指数减弱,双周峰年则加强;南半球的情况恰与此相反。他在研究大气活动中心位置多年变化时,也发现有明显的海尔周期,见图 6.9。

1984 年,徐群等人明确地指出,太阳活动对夏季副热带高压(简称副高)有显著的影响。他们普查了夏季各月北半球 500hPa 高度场,用了 29 年(1951～1979 年)的资料发现:在海洋上有 3 个正相关区,在陆地上 60°N 以北有几个负相关区。后来,他们就 236 个月(1954～1981 年)资料,用功率

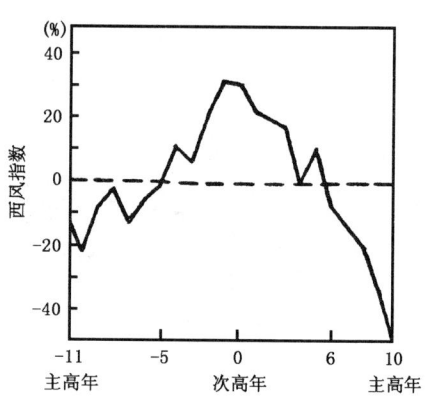

图 6.9 西风指数的 22 年周期
(张家诚等 1976)

谱分析方法,得出北半球 500hPa 各海洋副高面积指数(H)存在着明显的 11 年和 22 年的周期振动,并且此振动和太阳活动的 11 年周期很好地耦合。西太平洋副高面积(强度)指数最显著周期为 11 年,其次才是受赤道东太平洋海温影响的 3.67 年振动。

第六章 太阳活动与气象灾害

从相关极大值出现的时间来看,太阳活动对北半球副高的影响有先东后西的趋势。东太平洋响应最早(第14～15个月),然后为西太平洋(第16个月),最后为北大西洋(第29～30个月)。太阳活动对西太平洋副高有显著影响,太阳活动强时,副高强(1年后4个月),且脊点偏西(第2年1～3月),588线北界偏北(第2年6～10月),脊线偏北(第2年9～11月)。反之,一切向相反趋势发展。

后来,徐群等用长达38年(1954～1991年)的样本分析,亦得到东太平洋副高与太阳活动相关比西太平洋的紧密。

林学椿、于淑秋在研究北半球海平面气压对太阳黑子11年周期的响应中,也发现了黑子数增加时,低纬度区气压上升(正相关区),中纬度(特别是半永久性低压区)气压下降(负相关区)。高纬度极地区高压加强(正相关区)。而当黑子周经过半个波长(约6年)之后,相关中心位置变化很少,但符号相反。

前苏联的A.A.格尔斯等人将大气环流按形态分为大西洋、欧洲区的W(西方型)、C(中欧径向型)、E(东方型)及太平洋、北美区的Z、M_1、M_2型,然后研究环流型的多年变化及其与太阳活动的关系。太阳活动是以黑子数距平积分曲线来表示的。对照分析的结果得到,在黑子距平积分曲线下降的年代(太阳活动世纪周期减弱阶段),W型与Z、M型反常发展(负相关);反之,在积分曲线上升的年代,E、C型及M_2型反常发展,M_1型部分地发展。这就是说,太阳活动的加强导致经向环流的活跃,并使纬向环流减弱;相反,太阳活动弱时,纬向环流占优势,经向环流则相应衰退。

我国徐瑞珍等(1972)得到太阳黑子数(S)与北半球环流型(W、C、E)年频数的关系;黑子数与W型年频数的相关系数(γ_{SW})均为负值,最大值($\gamma_{SW}=-0.38$)出现在滞后10～11年,表明黑子数的增加是抑制纬向环流的因素。黑子数与E型年频数的相关系数一般为正值,在滞后11年时相关系数也达到最大值($\gamma_{SE}=0.38$),表明黑子数增加有利于经向环流的发展。而C型环流介于

W 型与 E 型环流之间,与黑子数的相关比较微弱。相关系数在滞后 6～8 年、18～19 年时达到最大($\gamma_{sc}=0.03$)。

杨景勋(1975)根据格尔斯的大气环流分型类别,分析其与太阳活动的关系时,也得到太阳活动增强可促使大气环流的经向分量活跃;使纬向分量减弱;而且 W、C、E 型对太阳扰动的反应比 E、M_1、M_2 型要敏感,因为 E、M_1、M_2 型同黑子数的相关程度较小。

陶诗言等人指出,在经向环流期间,我国大陆上主要雨带成东北—西南向;而在纬向环流期间,雨带成东西分布并集中在江淮之间。这些研究结果为太阳活动与我国大范围旱涝的关系,提供了一种较为合理的解释。

太阳活动的更长周期的效应,也有不少人在探讨。

J. M. 米特切尔(1965)用拉布的资料(不列颠岛上空 1873～1963 年西风发生频数"每年西风日数")予以 10 年滑动平均,显示出在 1880 年有一个极小值,1960 年左右又有一次,而 1920 年附近有一个宽广的极大峰顶。他认为这个近 90 年的周期同太阳活动长周期相关联。

J. L. 安吉尔与 J. 科尔绍夫(1974)指出,在北半球的四个大气活动中心(冰岛低压、阿留申低压、太平洋高压、亚速尔高压)的西侧边缘的经度,在黑子谷年时要比峰年时西伸得远些。阿留申低压的纬度在黑子谷年时比峰年时高些。他们还指出,亚速尔高压和冰岛低压在 1889～1940 年渐渐北移,然后向南向东移动,这些现象可能和太阳活动的世纪周期有关。

比之于太阳基本周期的关系,长周期关系的研究显得单薄,有些疑问存在。但是,太阳活动对气压与大气环流的短期效应,则是比较明确的,得到公认的。短期效应主要考虑太阳耀斑的发生(因而发生地磁扰动)以及太阳磁扇形扫过地球的影响。

B. 杜尔夫妇(1948)开创性的工作表明,在地磁扰日的前后气压有明显的变化。冬季(11 月到次年 2 月)磁扰日后 2～3 天内,欧

第六章 太阳活动与气象灾害

洲各站的地面气压下降平均 2hPa,而在格陵兰—冰岛地区却升高相同或更大的气压值。由于这种变化,从格陵兰到西北欧的气压差约增加 5hPa,随之有更多的气旋生成。

根据 C.J.E. 苏尔玛斯等人的多年研究,综合得出表 6.4 可见,虽然太阳活动后气压变化只有几个百帕,但已证实了相关关系的存在。

表 6.4 太阳耀斑和地磁扰动以后气压变化

地 区	近似中心		气压响应		
			Ⅰ *	Ⅱ **	Ⅲ ***
德 国	55°N	5°E	上升	上升	上升
前苏联东部	60°N	135°E	上升	上升	上升
堪察加南部	50°N	165°E	上升	上升	下降
阿拉斯加湾	55°N	150°W	上升	上升	上升
加拿大西部	55°N	115°W	上升	上升	没有资料
喀拉海	70°N	85°E	下降	下降	下降
日本南部	45°N	145°E	下降	下降	下降
阿留申以南	50°N	175°W	下降	下降	没有资料
冰岛以南	45°N	35°W	下降	下降	下降

* C.J.E. 苏尔玛斯与 A.H. 奥尔特,耀斑响应。500hPa 高度。

** N.S. 塞多连科夫,地磁活动响应,地面。

*** E.R. 莫斯切尔,地磁活动响应,地面。

资料依据:Ⅰ:1957～1959 年,81 次≥2 级耀斑事件,耀斑后一天。Ⅱ:1950～1970 年,14 次地磁扰动,扰动开始后 3 天。Ⅲ:1890～1967 年,834 次地磁扰动,扰动开始后 2～4 天。(霍尔曼等 1984)

最有名的是关于气压槽的涡度面积指数(VAI)的分析。J.M. 威尔考赫等人(1973,1974)根据 1964～1970 年中 11 月至次年 3 月 54 次磁扇形边界通过的资料,对 300hPa 高度涡度面积指数作了分析,得到图 6.10。

由图中所列的六种情况可见,响应图形是十分相似的。一般说来,涡度面积指数从零日前约 2 天到零日后 1 天是减少的,然后增加,在磁扇形边界通过以后的 $3\frac{1}{2}$ 天,达到极大或恢复到扰动以前的指数值。在夏天的月份里,没有发现这种效应,或者说效应很小。这与许多研究者认为太阳活动对天气的影响倾向于在日射最小的冬天为最强的结论是一致的。可能冬天太阳风和地磁层输入的相对太阳能量比太阳电磁辐射大得多,因此影响较大。

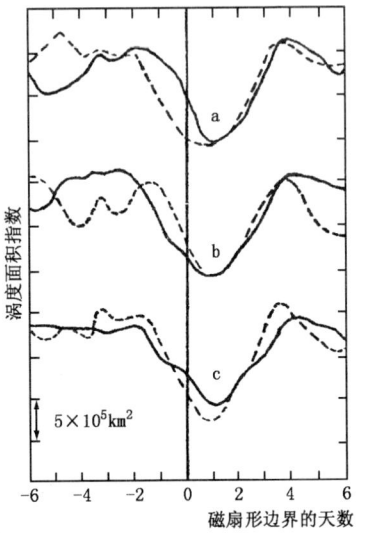

图 6.10 涡度面积指数对磁扇形边界通过(零日)的平均响应
(霍尔曼等 1984)

图中曲线 a——虚线是分隔极性正到负扇形的 30 次边界;实线为分隔负到正扇形的 24 次边界。曲线 b——虚线是冬天后半段(1.16~3.3)的 22 次边界;实线是冬天前半段(11.1~1.15)的 32 次边界。曲线 c——虚线是 1967~1970 年间的 23 次边界;实线是 1964~1966 年间的 26 次边界。总共是 54 次边界。纵坐标的单位是 $5\times10^5 km^2$。

威尔考赫等人还研究了其他气压高度(从 850hPa 到 10hPa)。涡度面积指变化量在 850hPa 高度为最小(约 $10^6 km^2$),逐渐增加到 300hPa 高度为 $9\times10^6 km^2$ 左右。在任何等压面上涡度面积指数的变化似乎都没有经度效应。

我国叶宗海等人(1983)研究了 1966~1978 年间太阳耀斑(2 级以上的)对大气气旋的扰动,发现了只有在冬天(10 月至次年 3 月)出现的,持续时间大于 1.5 小时的亮耀斑,在第三天对大气的气旋度(涡度)面积指数(VAI)有最大的扰动(下降最大值为平均值的16.4%),而冬天出现的,持续时间小于1.5h的耀斑对VAI没有明显的扰动。夏天出现的耀斑,不论持续时间大于或小于1.5h的,对VAI的扰动都不显著。分析还发现一个奇怪的现象,即日面上东边与西边的耀斑的作用不一样。日面中心子午线西边0°~30°范围内的耀斑能引起明显的扰动,见图6.11。

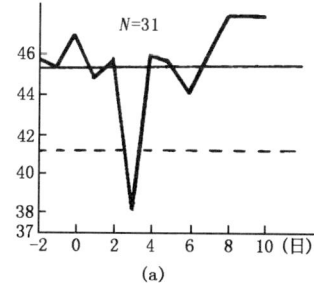 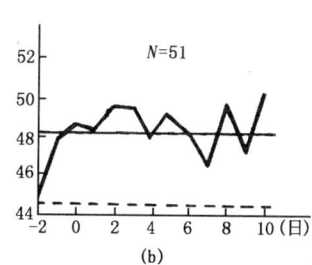

图6.11 冬季的耀斑与VAI的关系

(a) 持续时间大于1.5h的亮耀斑对VAI的影响

(b) 持续时间小于1.5h的亮耀斑对VAI的影响

横坐标0天为耀斑发生日。之前一、二天用-1,-2表示,纵坐标为VAI值,水平直线为其总体平均值。虚线是0.05的显著水平。

(张元东,李维宝 1989)

王焕德的研究指出,在强烈太阳粒子流侵入地球区域时,冬季的平均东亚大槽地区500hPa等压面先抬升然后下降,尤以其后3~4天下降最甚。另外,纬向输送强度的变化,中纬度与高、低纬度相反;槽区与脊区相反。磁扰日前与后相反。磁静日前后大槽区等压面的高度没有显著变化。

张鸿材(1982)据1957~1961年太阳耀斑爆发与500hPa西太平洋副热带高压的脊线位置及588线的边界的关系,发现耀斑强烈爆发后,西太平洋热带高压有比较明显的西伸、北跳活动。

陈烈庭得到,纬向环流指数在磁扰日与磁静日之后的变化有明显的相反趋势。而且对于不同的纬度带(40°~55°N,55°~70°

N),太阳活动对纬向环流指数变化的影响是不同的。一般在磁扰日之后,高纬度经向环流发展,而中纬度纬向环流加强;磁静日之后,高纬度纬向环流加强,中纬度经向环流发展。

太阳活动与我国旱涝灾害

为探索太阳活动与天气、气候的关系,必须了解各地在历史时期及现代的气候演变情况。我国史书与方志上有丰富的水文、气象纪事,为这方面的研究提供了宝贵资料。早在 20 世纪 50 年代末,中国水利水电科学研究院就组织人力,整理出明、清以来全国受旱的县数,使我们对近 500 年来我国的干旱情况有比较全面的了解。后来,1975 年中央气象局与全国十几个省市气象部门合作,绘出"全国近 500 年旱涝分布图"及《全国 500 年旱涝等级资料(1470~1978)》。这两份珍贵资料是探索大时空尺度中"日—气关系"的基础资料。国内外许多学者就是从这个聚宝盆中取得研究成果的。

在较大时空尺度中的关系

初期的工作是从全国范围几百年的时空尺度来分析的。

王涌泉(1961)曾提出将太阳黑子相对数年均值的波动区分为一级波动与二级波动。由 11 年周期构成的称为一级波动,若干个 11 年周组成的更大波动称为二级波动。二级波动的增强阶段历时较短,而减弱阶段历时较长些,并且各二级波动的历时与振幅都不大一致。最大的一次完整的二级波动为 1750~1816 年,增强段约为 28 年,减弱段约 38 年。

将明、清以来全国每年受旱县数画在以太阳黑子曲线为背景的图上(见图 6.12),然后分析其对应关系,得到:在二级波动,一级波动和月平均活动都处于减弱时期,我国旱年多,常常遍及华北和华中全区(其中有一个移动过程),而在其他情况出现旱情有明显的局部性。严重干旱与太阳活动的关系可分为两类,一类发生在太阳活动极强过后开始减弱,而黑子数仍较大时期,例如1971~1972年,1959~1960年,1928~1929年,1802年,1778年;另一类是发生在太阳活动减至极弱,一般在谷年或谷年前后一年,如1942年、1934年、1913年、1900年、1877~1878年、1867年、1835年、1785年。

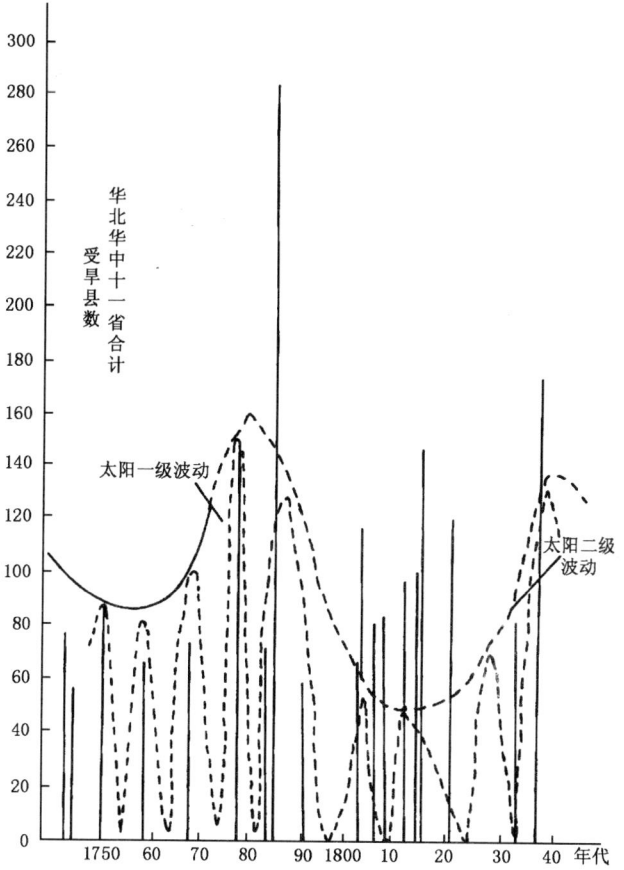

图6.12 受旱县数在黑子曲线上的分布(部分)

(王涌泉 1961)

后来,人们对太阳活动的规律有了较全面的了解,也就将太阳活动细分为行星周期(170～180年),世纪周期、22年磁周期与11年基本周期(当然,还有400年左右的周期,分析上未采用)。

张先恭等人(1975)仔细分析了太阳活动这些周期与我国近500年的受旱情况,得到一些很有意义的结果。现略举于下:

(1)在太阳行星周期的减弱阶段,我国受旱县数的趋势是增加的;反之则减少。(目前太阳正处在行星周期的减弱段,这阶段大约到2071年结束)(2)在所统计的5个世纪周期中,干旱多寡有交替出现的现象。(目前处于从1964年开始的第六世纪周期,将类似于前二、四世纪周期,各级旱年*的频次将增加)(3)据第二、四世纪周期中4个磁周的分析,得不同磁周各级旱年出现的频次是不同的,第一、三周旱年较少;第二、四磁周较多(目前正处在第二磁周(至2008年结束),大旱年出现的可能性将较大)。(4)发现太阳活动单周和双周对大气的影响是不同的,16世纪以来的几个特大旱年大多出现在双周的低值年附近,如1785年、1820年、1877年特大旱年(只有1640年是个例外);而在单周的低值年附近,旱年很少,没有特大旱年(参见图6.13)。(5)在太阳活动11年周期中,旱年大多集中在低值年附近(即$m-1,m,m+1$相位)。这期间旱年次数占全部统计年数的30%,而在高值年附近(即$M-1,M,M+1$相位),各级旱年都较少。这期间旱年次数占全部统计年数的23%(不到1/4)。小旱年的分布在各位相年差别不大,仅在高值年与低值年附近出现的比较多一些。

值得注意的是,他们所得的上述结果((4)、(5))与根据我国大范围实测降水资料(1900～1960年)分析所得结果,基本上是一致的,即在太阳活动双周低值年附近,我国大范围地区降水偏少;而在单周低值年附近,降水偏多,特别是淮河以北地区最为明显(见

---

* 旱年划分为4级,以全国受旱总县数为依据:≥65个县的为小旱;≥100个县的为中旱;≥150个县的为大旱;≥230个县的为特大旱。

图 6.13)。

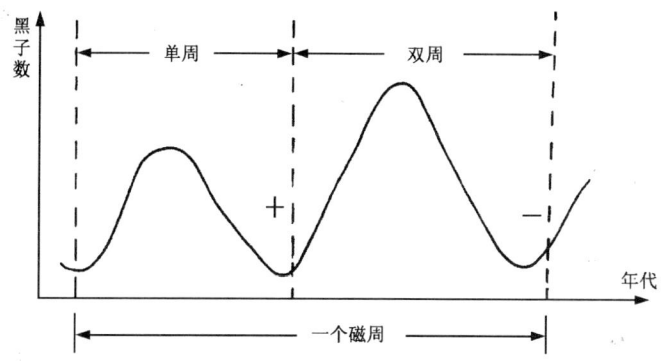

图 6.13　一个太阳磁周内两个 11 年周期各位相降水距平分布示意

不少学者研究我国东南地区和东半球地区的历史时期气候干湿状况。他们发现近 2000 年来湿润指数($I=\dfrac{2F}{F+D}$，F 为某地区某年降水的次数，D 为旱的次数，水旱相等的年 $I=1$)存在 22 年和 11 年周期。这跟太阳的磁周与 11 年期是对应的。但是仔细地分析表明，太阳活动与气候的周期对应关系是不稳定的。比如太阳活动第 2 周至第 10 周，低值年与干旱时期对应，再往前算，关系变得不清楚。在太阳活动第 10 周到第 20 周中，双周的低值年与干旱时期对应(郑斯中等　1977)。

有人引用一种干旱指数 I_D，$I_D=\dfrac{2D}{N}$，D 为某年出现旱和偏旱站数的和，N 为该年总站数。然后分析它的规律，从近 500 年东半部地区的资料得到干旱指数具有 2~3 年，8~10 年，22~26 年的明显周期。这些周期同太阳活动的几个周期很相近。特别是在太阳活动双周的低值年和高值年 I_D 值都较大，50 年一遇的旱年绝大部分出现在这两个位相。而太阳单周的低值年和高值年 I_D 值则较小(张先恭　1977)。

总之,从全国大范围来看,旱、涝的出现跟太阳活动磁周期有不可忽视的关系。

在较小时空尺度中的关系

太阳活动跟一条河流域或一个省、一个地区的水文气象要素的关系,也有不少人在做探讨。这些研究已取得一些有意义的结果,并且常被应用于该流域或该地区的长期和超长期预报中。

长江流域 长江流域横跨17个省市,总面积约占全国面积的20%。但这里是全国重要的经济、商业与文化区域。

为了分析,应先整理出历史上长江流域旱或涝的资料。古代实测资料少,只可从历代地方志及其他历史文献中去找。1975年长江流域规划办公室(习惯上简称为"长办",近年改为长江水利委员会)水文处预报科的同志,整理出了公元960年至1974年共1015年的长江中上游地区旱涝情况(其中1865年以后的资料为实测),为研究长江流域的旱涝规律奠定了一定的基础。

我们在探讨旱涝与太阳活动是否有关系中,首先将长江划分为三个区域,三个主要控制站为宜昌(实测资料1877年开始)、汉口(1865年开始)和大通(1947年开始)降水资料按三个控制站区分。选取的雨量站,宜昌上游共96个,汉口上游共166个(包括宜昌上游的96个),大通上游共195个(包括汉口上游166个),分别求出降雨量的加权平均值,作为三个控制站上游的面平均雨深。所有各站的实测降雨资料均从1951年开始。在利用周期对应关系来探讨千年尺度的关系中,吴贤坂、张元东得到在太阳活动的峰、谷年前后,长江流域最易于发生洪涝与干旱,特别是在峰年前后涝的机率比较大;而在谷年前后旱的机率比较大。在太阳活动的行星周期的增强期中,长江容易涝;而在衰减期内易旱。在衰减期内天气比较反常,旱涝比增强期内的多些。

早先,张先恭等人在研究汉口站年最高水位H_{max}和年平均流量Q跟太阳黑子周期的关系中,已得到:汉口站高水位和大流量大都发生在太阳活动11年周期的极值年份。对于太阳活动磁周期来说,一般在双周低值年位相前后,H_{max}、Q较小,而在单周低值年位相前后H_{max}、Q较大。关系是十分明显的,这个结论,跟宋兆英(1981)依据宜昌站、汉口站有关资料所得结论是一致的。

陈菊英在分析长江中下游地区大涝大旱与太阳活动关系中,发现大涝大旱年的发生,大多数对应太阳活动的强弱转折年和极小年,以及高值期的第三、第四年,很少发生在一般年份。

"长办"水文局预报处详细考察各种预报特征(如大气环流、高原热状态、海洋温度场、天文背景等)的作用中,认为天文背景,主要是太阳活动应特别值得注意。邱荣贞等(1998)总结出长江各区(指宜昌、汉口、洞庭四水、丹江)的旱、涝年多出现在太阳活动的下降年。但对于汉口站的以年最大流量划分的涝年,则在极大年和极小年出现的机率多于上升段和下降段。上述分析结果经多年来对长江洪水的预测实践,效果比较好。特别是湖南大水年大多在下降段和低值期内。

黄河流域 黄河流域西起青藏高原,东至渤海之滨,南自秦岭,北抵阴山,流域面积约为75.2万km^2。在这片辽阔的土地上居住着1亿两千多万人民。黄河流域是祖国工农业生产的重要基地之一。

由于黄河流域雨量偏少,中游水土流失严重,自古以来这里就是一个极易发生旱涝的地区。又由于每年降雨多集中于七八月份,暴雨强度大,河道流泄不及,就发生水灾。据《黄河水利史述要》报导,两千二百年平均每百年有旱灾27次、水灾79次,水旱灾年几乎占一半。

黄河水利委员会(简称"黄委")水利研究所王涌泉在探讨了黄河流域历史上大旱、大涝与太阳活动强弱关系时,得到的主要结论是"谷峰大水"、"强湿弱干"(太阳活动强时,雨水较多,活动弱时,较干旱)。但谷峰变化复杂,不一定正好在该年,有可能提前或滞后。

黄委水文局王云璋与张元东合作,仔细地分析了近500年来黄河旱涝与太阳活动的关系,将流域划分为上、中、下三区域,上区取四个站(西宁、兰州、银川、呼和浩特),使用有记录年限1739~1974年(共236个年);中区选取均匀分布的8个站(洛阳、太原、临汾、天水、平凉、西安、延安、榆林),年限为1470~1974年(共505年);下区取7个站(郑州、菏泽、临沂、济南、德州、石家庄、邯郸),年限为1470~1974年(共505年)。

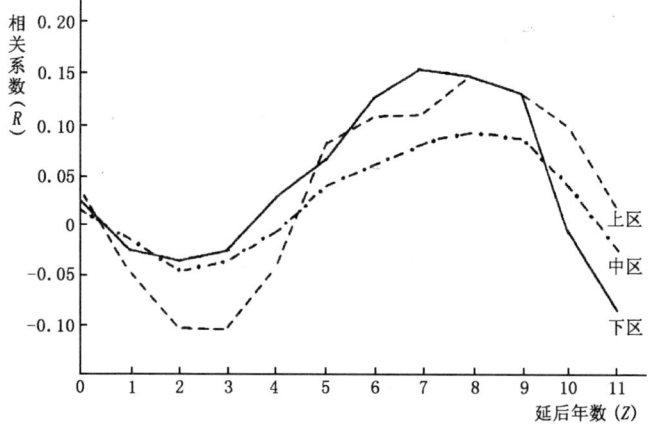

图6.14 226年黑子数与各区旱涝
等级和相关系数演变曲线

(王云璋等 1983)

首先定出各区的旱涝等级。以每年该区中所有站的等级总和,再选取年限的等级均值,并以均值的20%和50%分界,定出每年的旱涝等级。这样,得到上区236年中涝和偏涝占13%,旱和偏旱占28%,即以旱为主;中区505年中亦是如此,旱和偏旱占25%,涝和偏涝占14%;下区亦为旱多,旱与偏旱占24%,涝与偏涝占22%。可见,由上区到下区,旱有逐渐减少的趋势。

黄河干流各主要控制站的流量,我们取兰州、陕县和花园口三站,主要考虑汛期(6~10月)径流量和年径流量及最大流量几个指标,年限为 1919～1980 年。

太阳活动指标用了黑子数、10.7cm 射电流量及"耀斑指数"。

应用方差分析、相关分析等方法,得到太阳活动强或弱,对同期(同年)的旱涝变化的关系不明显,仅仅在延后 7～8 年关系最显著(在长江流域中是延后 6～7 年相关最显著)(参见图 6.14)。同样发现了气候演变同太阳磁周期有明显的关系。民俗说"黄河十年一小旱,二十年一大旱",这 20 年左右实是太阳活动磁周期的反应。

海滦河流域 海滦河流域位于东经 112°～120°,北纬 35°～43°之间,包括北京、天津两市全部,河北大部,以及晋、豫、鲁、辽、内蒙古的一部分,流域面积约 32 万 km^2。这里是全国的政治、文化中心,地位显要,全年降水量的 75% 以上集中在 6～9 月,降水的主要形式是暴雨型,7 月至 8 月的降水量占汛期(6～9 月)的 80% 以上,易形成洪涝。本流域气候类型属半干旱半湿润地带。

1975 年,河北地理研究所气候组求得本流域的主要降水周期(有 5、11、17～18 年周期),跟太阳活动基本周期是相似的。

北京市气象台(1973)根据北京地区 1900～1972 年降水资料的分析,得到在太阳活动减弱期和高值年,少雨年(年降水 $R<570$ mm)可能性较大;而在太阳活动低值年,多雨年($R>740$mm)可能性较大。

王绍武(1973)依据《故宫晴雨录》,分析北京地区 1724～1903 年(补足至 1972 年)间的降水规律,得到多雨年份一般在太阳活动 11 年周的 $m, m+1, M, M+1$ 年份;而少雨年年份在 $m-2, m-1, M-2, M-1$ 年份。

河北省水文总站预报科的陈林与张元东合作,研究了近 500 年来太阳活动与全流域旱涝等级和的关系。旱涝资料取自《全国五百年旱涝等级资料(1470～1974)》,并参考河北省气象局重新确定的旱涝等级资料。作总的考察时,我们选取了北京、天津、唐山、保定、石家庄和邯郸 7 站。求出 7 站的旱涝等级和,代表全流域的旱涝情况。统计分析了太阳活动各周期与本流域旱涝的关系。主要得到:在太阳活动11年周的强时与弱时,旱涝出现的概率差异很小;无论是峰、谷年前后,涝总比旱多。太阳磁周的影响是明显的。在单周时,太阳活动的高低潮时,以涝为主;而在双周的高低潮时,则以旱为主。

又依据近百年实测气候资料分析,发现太阳活动对本流域水文气象因子的影响,以延后9年左右最为显著。

东北地区 于凤文(1978)分析了黑龙江省主要河流的丰枯水情况(时段为1891~1977年),得到降水,径流与太阳黑子的多少及径向E+C型环流的强弱成正相关关系,与纬向环流的强弱成反相关关系。指出,大洪水年、涝年及旱年多发生在太阳黑子11年周期的峰、谷年及其附近的年份。

丁士晟得到吉林省有11年左右多雨、11年左右少雨的交替出现规律。认为这同太阳活动磁周有密切关系。他从1962年起依据太阳活动规律所作的长期天气预报基本上正确。长春市新立成水库水文站(1975),根据太阳黑子数与洪水演变规律,找出预报参数,使预报合格率达到86%左右。

珠江流域 广西省气象局天气研究室曾经发现,广西区年降水有15年、30年周期,气温有11年、22年周期,都跟太阳活动周期很相近。广西降水与黑子数距平累积曲线变化趋势一致。但气温的曲线则相反,太阳低值年时气温较高,高值年时气温较低。广西异常天气多发生在黑子极值年份及临近年份。

李国琛全面地分析了珠江流域旱涝与太阳活动及大气环流的关系,得知西江支流域与东江、北江支流域的情况略有差异。西江的大洪水与太阳活动有正相关关系,而其他两江并不是这样,他依据自己的研究,近年来所作的珠江流域洪灾预测取得成功,得到广东省政府的表彰。如2000年初报,"2000年洪涝灾比1998年小,但比1999年大,洪涝较严重的是粤东地区(含东江流域),以及西江上游局部地区"。果然,2000年夏广西、广东的洪涝情况与预报的相符。但是应指出,在他的预报方法中,太阳活动是一个重要的因子,而不是唯一的因子。

其他地区 以大陆性气候和干旱著称的新疆地区,降水周期以 6 年及 11 年为主。降水大多数与黑子 11 年周期及半周期相一致。历史上较显著的干旱年(1944 年、1962 年、1963 年、1968 年、1974 年)及多雨年(1949 年、1954 年、1958 年)均出现在太阳黑子高值年、低值年或高值后 1~2 年,或低值前 1~2 年(新疆气象局长期预报室 1975)。

西藏地区的旱涝也有人作了研究。杜军分析拉萨(1952~1966 年间)旱涝变化及其与太阳活动的关系,得到:在太阳黑子低值年的当年及第一年,和高值年的当年及第一年,第三年易出现干旱;而高值年的第二年易发生洪涝。总的说,旱涝较为严重的年份基本上出现在太阳黑子的极值年。

福建省北靠山南近海,地形特别,气候变化与祖国其他地区很不一样。沿海的旱涝往往跟台风有关。比如特大干旱年的 1954 年,无台风登陆。特大洪涝年 1960 年、1961 年、1990 年、1994 年,都是台风型洪涝。1990 年登陆的台风有 5 次之多。杨东和在分析福建旱涝、台风与太阳活动关系中得到:在太阳黑子 11 年周期的峰后段,福建多登闽台风。在黑子 11 年周期的峰、峰后段,福建偏涝。许金镜在分析了 1939~1991 年间福建干旱变化后,也发现黑子低值年附近时,福建均可发生大旱等级以上的旱情。而在高值年附近发生严重干旱的可能性较小。

太阳活动与海冰灾害

我国渤海和黄海的北部,每年冬天皆有程度不同的结冰现象,运河口、海河口、黄河口、鸭绿江口等河口附近,均为冰情严重的区域。常年,冰期约 3 个月,冰厚达 20~40cm,对航行和海洋资源开发影响不大,但在个别年份,渤海冰情严重,影响就严重了。1969 年冬发生了自有历史记录以来未曾有过的一次严重冰情,海冰几乎覆盖了整个渤海(图 6.15)。

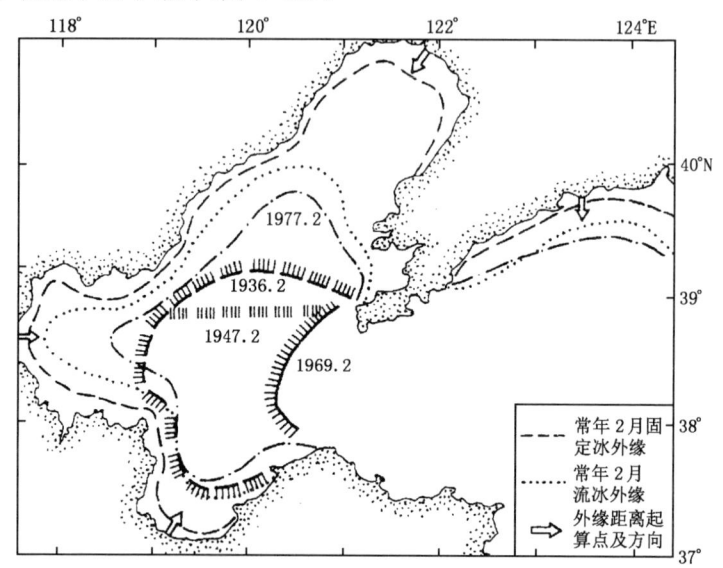

图 6.15　渤海和北黄海的冰界
(引自冯士筰等《海洋学导论》)

张启文等将渤海的海冰划分为 5 级，5 级为最严重的年份。然后按太阳活动 11 年周期进行统计分析，发现了冰情变化与太阳活动的 11 年周期一致(见图 6.16)，在太阳活动极大值(M)年附近，冰期一般是较重的；在太阳活动极小值(m)年附近，冰情一般比 M 年附近轻。太阳活动上升阶段的冰情较下降阶段的冰情重一些。严重冰情发生在黑子数极大值年及其前、后一年。在黑子数极小值年及其前后一年，也会发生一次较严重的冰情。至于 1979 年太阳活动峰年，渤海无严重冰情，张启文认为主要是由于(未知的)"非太阳活动"因素所成的。当"非太阳活动"因素增加时，渤海海冰与太阳活动之间的关系就受到破坏。

高建国应用渤海海冰的两种序列(于道正的 1935～1978 年海冰 C 值及张启文的 1952～1986 年海冰等级值)，进行多周期拟合

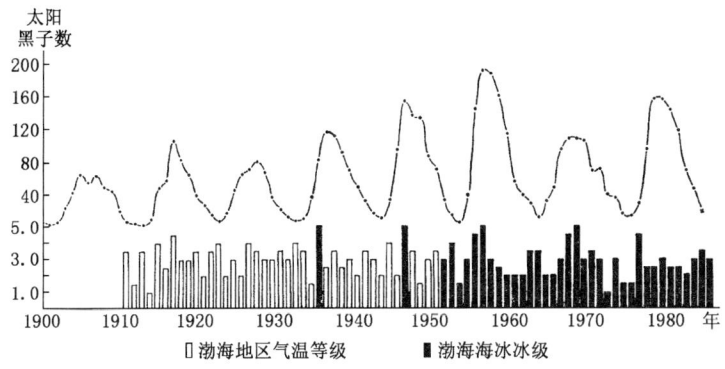

图 6.16　太阳黑子数年均值变化曲线和渤海海冰冰极
(张启文　1989)

研究,亦得到与上述看法颇为相似的结果。海冰变化不仅仅有11年左右的周期,还有其他各种周期。如有的周期(如1.22年)与地球极移的钱德勒周期有关。所以在作海冰的超长期预报中,要慎重一些。

"太阳—气候关系"的物理机制问题

本章开头已提到这个问题的复杂性,以及目前国际上讨论较多的几种看法(或假设)。现在将侧重介绍其中最有希望成立的"臭氧机制"与"大气电机制"的研究情况。

我国对"臭氧机制"的研究

太阳活动影响气候变化,如果是通过大气中臭氧层的屏蔽作用,那就要考虑两个主要的问题:一是太阳活动与臭氧层的关系,二是臭氧层与平流层环流的关系。再进一步考虑平流层与对流层之间的相互作用。各种关系及其间的过程,显得十分复杂。

・太阳活动与臭氧层

太阳的紫外辐射对大气中臭氧层的形成和变化有密切的关系。观测表明,太阳紫外辐射在黑子峰值与低值间的变化,最大相差可达 20 倍左右。但这部分辐射只占太阳总辐射的 5% 左右,因此对太阳常数的贡献不大。但是,不少人认为紫外辐射量的改变,能对地球气候变化起到某种激发作用。

一般认为,太阳紫外辐射的强弱与黑子活动或 10.7cm 射电辐射流量有平行的关系。所以不少研究者就运用黑子数或射电流量来代表紫外辐射通量的变化,以研究与 O_3 的关系。曾经就局部地区、北半球及全球的情况作了分析。

较大时空中的关系 北欧地区($40°\sim 60°N, 0°\sim 40°E$)臭氧观测站较密,观测数据较为可靠。魏鼎文分析该地区 O_3 总量随时间的变化,得到冬半年 O_3 有一个非常清楚的 11 年周期变化,跟太阳活动 11 年周期大体吻合(相关系数为 0.63,信度达 99.8% 以上)。但在夏半年,未显示出 11 年周期变化,见图 6.17。

由此可见,对同一地区,大气 O_3 总量对太阳活动 11 年周期的响应,冬春季大大强于夏秋季。

王连英、黄荣辉研究北半球($1960\sim 1985$)O_3 总量的季节变化与年际变化中,发现对于某些季节来说,还有 22 年的周期变化。这可能与太阳活动磁周期有关。

郭世昌、魏鼎文分析 $1963\sim 1985$ 年间北半球实测 O_3 总量的变化中,发现 O_3 总量与太阳活动 11 年周期变化存在正相关关系(相关系数为 0.60)。吴统文等人就 $1958\sim 1986$ 年间的分析,亦得到类似的结果。

言穆弘等人分析了 $1965\sim 1984$ 年间太阳活动(以 10.7cm 射电流量 SF 为指标)与平流层 O_3 总量的关系,也得到了正相关关系(见图 6.18)。

在分别考察北半球不同纬度带的情况时,吴统文、瞿章据 $1959\sim 1985$ 年的资料,发现 O_3 总量对太阳活动 11 年和 22 年周期的响应,在各纬度圈($10°,20°,\cdots,70°$)并不一致。在低纬度和高

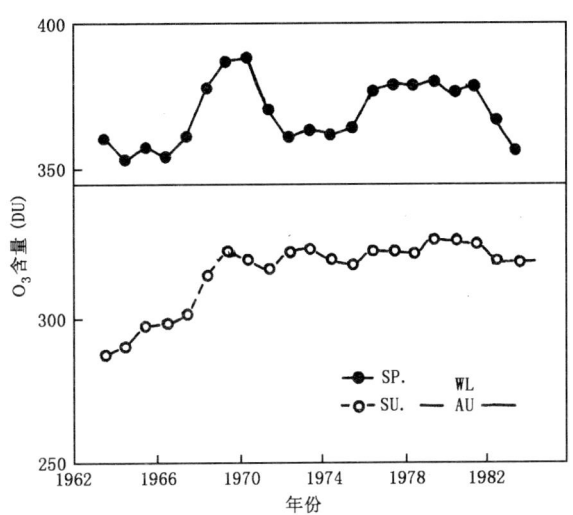

图 6.17 北欧地区 O_3 总量平均值的逐年变化
1——冬半年,2——夏半年

纬度地区,O_3 对太阳 22 年周期的响应较强,对 11 年周期的响应较弱;而在中纬度地区与此相反,O_3 总量对太阳 11 年周期的响应比 22 年周期的响应强,见表 6.5。

表 6.5 北半球各纬圈平均的 O_3 总量 11 年和
22 年周期振荡分量的振幅(DU)

振幅 周期 纬圈	10°,20°,30°N 平均	40°N	50°N	60°N	70°N
11 年	1.73	5.14	6.57	3.41	7.43
22 年	3.81	5.12	6.09	7.03	14.64

短时间的关系 这是指太阳上发生的瞬时事件(如耀斑与日冕抛射事件)对地球臭氧层有何影响。

叶宗海等人曾分析了 1966~1978 年间 2 级以上太阳耀斑引起的 O_3 含量的扰动,发现了只有冬季(10 月至次年 3 月为冬季,

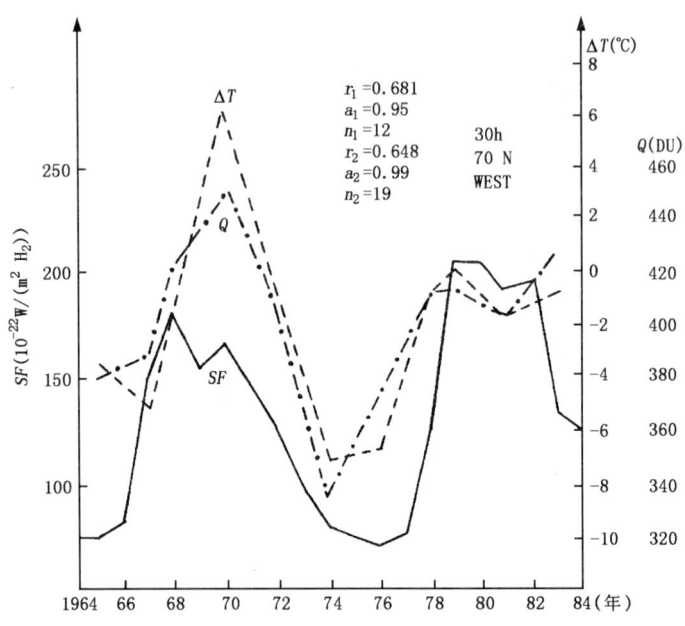

图 6.18 平流层温度距平、O_3 总量和太阳射电流量的变化曲线
（以 1 月和 2 月平均为准）
《福建天文》2(3、4)1996,4(3、4)1998）

4～6 月为夏季) 持续时间长的 (≥1.5h) 耀斑,才对 O_3 有明显的扰动,而夏季出现的各级耀斑均无影响。并且当耀斑发生后 O_3 开始增加,但最大扰动出现在耀斑之后第 6 天,扰动持续数日之久。

太阳质子事件出现后,高纬度大气中 O_3 会明显地下降,而当宇宙线的福布斯下降出现时,O_3 明显地增加。这些现象可以大气光化学过程来解释。叶宗海等人的这种研究结果与国外许多学者所得结果是一致的。

应当指出,大气中 O_3 总量的变化相当复杂,并不是所有类型的变化都跟太阳有关。比如 O_3 有准两年振荡,而太阳活动中就没有这种低频振荡。还有一个南极上空的"臭氧洞"问题（可参阅本书第五章）。近年来臭氧洞的不断扩大，很难用太阳扰动来加以解释，所以才有禁止生产氟利昂类化学品的《蒙特利尔议定书》的出现。

- 臭氧与平流层环流

臭氧是平流层的主要热源。因此不少人认为，平流层中 O_3 的分布在很大程度上决定了平流层的温度结构，从而影响该层及至全球大气环流的状况。如果是这样，那么太阳活动影响对流层大气运动就能得到解释。但是，也有人持相反的看法，即认为大气环流为因，O_3 变化为果。

大气 O_3 有季节变化、年际变化和长期变化。下面分别考察这些变化跟平流层环流的相互关系。

季节变化 郑光、吴统文(1991)依据北半球 30 年(1957～1986)的 O_3 资料，发现 O_3 总量与平流层大气环流一样，季节性变化很明显。冬季与极涡对应的是极地 O_3 高值区，夏季与极地高压对应的是极地 O_3 低值区。

季节的转换，由冬到夏 O_3 与环流都出现在 5～6 月；由夏到冬，O_3 转换在 10～11 月，比环流要迟约 1 个月。

有人发现季节变换在 30°N 以北很明显，冬春季大，尤其在春季(4 月)O_3 总含量为一年中最大；而夏末秋初(8、9 月)为最小。

魏鼎文等就我国北京地区实测 O_3 资料(1962～1965、1979～1981，并用邻近站补齐连续序列)的分析，亦得到冬末春初(2～3 月)O_3 含量达到极大值；在夏末秋初(8～9 月)达最小值。他们还得到，同纬度上，冬春季节东亚地区 O_3 含量高于西欧和北美，这是由于大气环流造成的。盛夏初秋(7～9 月)北半球平流层东风盛行，而缺少大的扰动，因此相近纬度上 O_3 含量大体相同。

年际变化 O_3 含量有年际变化与长期变化，其中最明显的是两年周期的振荡。在北半球 30°～40°N 以南地区，以及南半球副热带地区均很明显。赤道地区平流层环流亦具有准两年振荡

(QBO),某年为强东风,次年则为西风,周期变化时段约为24～30个月。这表明 O_3 含量变化与环流有密切关系。

我国昆明上空实测(1980.1～1987.3) O_3 资料表明,各个年份的 O_3 总量平均值绕其多年均值的变化幅度不大(距平百分率在±2%以内)。而北京实测 O_3 总量的年际变化一般在±3%以内。此外,昆明 O_3 总量变化中亦有准两年振荡(周期为26个月左右)及半年振荡(周期为6个月)。这与热带平流层大气环流的QBO及半年振荡十分吻合。这也跟亚洲其他地区 O_3 实测资料分析的结论一致。

值得注意的是, O_3 总量有长期减少的趋势,这在不少地区的观测中都有所发现。图6.19显示了这种变化。

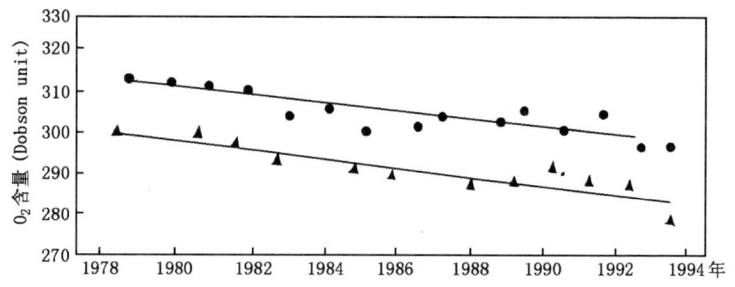

图6.19 1979～1993年中70°S～70°N间面积加权平均的 O_3 含量最大值(标 ● 号)和最小值(标▲号)的变化

《福建天文》2(3,4)1996,4(3,4)1998)

平流层爆发性增温(SSW)问题 早期少量的工作认为,SSW与太阳活动的短期行为有关系,但后来的研究结果并非如此。

从时间上看,SSW都发生在冬季的1月或2月,且几乎每年都有SSW,仅强度有所差异。一般分为强增暖类和弱增暖类。如果10hPa或10hPa以下层中,纬向平均温度从60°纬度向极地增加及有关的环流反向(即极涡崩溃,西风环流变为东风环流),则称为强增温过程。弱增温过程虽可达到相近的增温值,但并不出现环流的崩溃(还有一种特殊的增温称加拿大增温,是由阿留申反气旋向北推进引起的)。

王强(1996)从1955~1987年中33个冬季发生的14个SSW中,选出最强的5个(81.2、73.2、71.2、70.1、58.2)作平均分析,得到在30hPa,90°N上当月比上月高27.6℃,当月比下月高6.9℃。5次SSW均属于北太平洋增暖过程,且均属于平流层由冬转夏,即季节"迟"(4个月以后)的年份。

郑光等(1991)据北半球30年的O_3资料的分析,发现SSW前期(前2个月)O_3分布与该月多年平均分布有显著差异。从增温前2个月到增温当月,增温地区O_3总量中心强度每月以20%以上的增长率增加,而从增温前期到增温后期(后2个月),增温地区的O_3总量始终保持在10%以上的负距平,即突发性增温,出现在O_3总量长期持续负距平地区。

瞿章等(1990)认为中高纬度对流层与平流层之间,冬季比夏季有着更多的相互作用,所以,我们不能仅局限于平流层来考虑增温现象。

事实上,近年来人造卫星及高空探测的成果,肯定了"增暖"不仅出现在平流层,且也发生在中层。但有个时间的前后及范围大小的问题(参见丁一汇的《高等天气学》)。

因此,SSW与太阳活动是没有多大关联的。

我国对"大气电机制"的研究

1750年富兰克林发现了闪电是一种电过程,从而开创了空间电学的研究。

上世纪20年代,威尔逊(Wilson, C. T. R)提出了"全球空间电路"的图像。半世纪后,1977年帕克(Park. G. G)等人发展为现代的全球电路图像。这个模型允许对流层和电离层/磁层的耦合,有可能用来解释太阳活动与天气/气候的关系。这一上边界开放模式的提出,将大气电学扩展成了空间电学。因此,庄洪春院士建议将过去常说的"大气电过程"改为较合适的"空间电过程"。通过大气电过程,避开了"能量困难"与"传递困难"等日地关系中的一些关键性难题。从此,国内外在这方面的研究蓬勃发展起来。

早在1982年全国天文气象学术讨论会上,庄洪春就提到了可能用空间电学的理论来解释太阳—大气的关系。丁一汇(1988)在论述暴雨的形成中,已注意到雷暴的作用,并从大气热力场和动量场上探讨了雷暴的启动机制与增强或发展机制。1987年我国出版了《大气电学基础》,1995年出版了《大气电学手册》,其中有不少内容是我国学者研究的成果。1992年《空间物理进展》一书发行,1995年庄洪春的《空间电学》(空间电动力学的简称)问世,使人们对这门新学科有了较全面的认识。该书用不少篇幅论述了太阳—大气电—天气、气候的关系。

中科院兰州高原大气物理研究所以言穆弘为首的研究组,对于大气电机制作了多方面的实验、研究,推动了"日—气关系"机制的进一步解决。

· 大气电机制的主要内容

大气电机制是依据于全球电路模式。经典的是"球形电容器模式":将大地与电离层看作一个巨大的球形电容器的两个极板,其间充满了具有微弱导电性能的大气介质,见图6.20。

电离层的下界面高度白天约为60km(D电离层),夜间约为100km(E电离层),因此其平均高度可取为80km。大气电流的回路由泄放电流(I)与补偿电流(I_c)组成。整层晴天大气电位差为V,其值全球是相同的。对于确定的地点而言,晴天大气电流密度不随高度变化,而晴天大气电场随高度呈指数规律递减,因此晴天大气总电导率随高度呈指数规律递增。越近电离层,电导率越大。晴天大气电流为泄放电流,如果没有补偿电流存在,那么全球电路不到几十分钟便会停断。全球雷暴活动产生的地闪闪电电流和尖端放电电流就是一种补偿电流。因此雷暴活动成为球形电容器的充电电源。在任一时候,全球大约发生2000个左右的雷暴,因而维

第六章　太阳活动与气象灾害　·　143

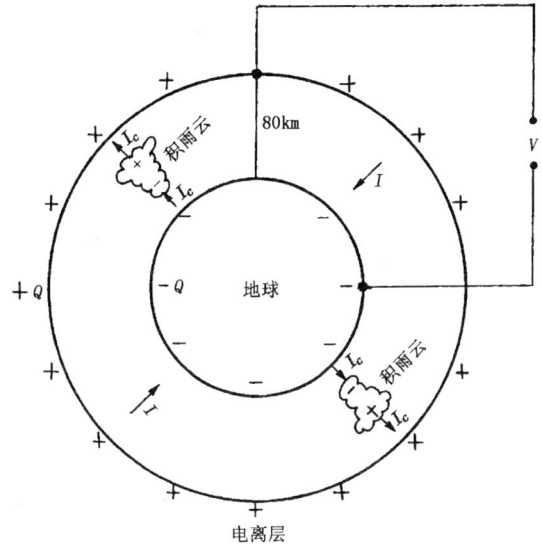

图 6.20　环球电路示意模型
I 为全球泄放电流;I_c 为全球补偿电流;
V 为整层晴天大气电位差;Q 为全球电荷
(引自《大气电学基础》)

持了大气电循环。

雷暴是在对流层中的气象现象,与降水有密切关系;另一方面,雷暴活动可能与太阳活动有关系。所以在大气电机制中雷暴活动是一个很重要的因素。

有研究指出,高、中纬度地区的雷暴频数与太阳黑子数呈正相关关系。如西伯利亚地区的相关系数高达+0.9。

但更多的观测、研究表明,雷暴频数是受到太阳耀斑的影响而增加的。

就全球范围来说,布索拉斯科(Bossolasca,M.I.)等人发现,在耀斑爆发后约 4 天雷暴活动增加 50%(太阳黑子极小年)到70%(太阳黑子极大年)。地中海地区的雷暴活动(由英国雷暴探测网用无线电定向观测)在耀斑爆发后约 4 天有明显增加。见图 6.21。

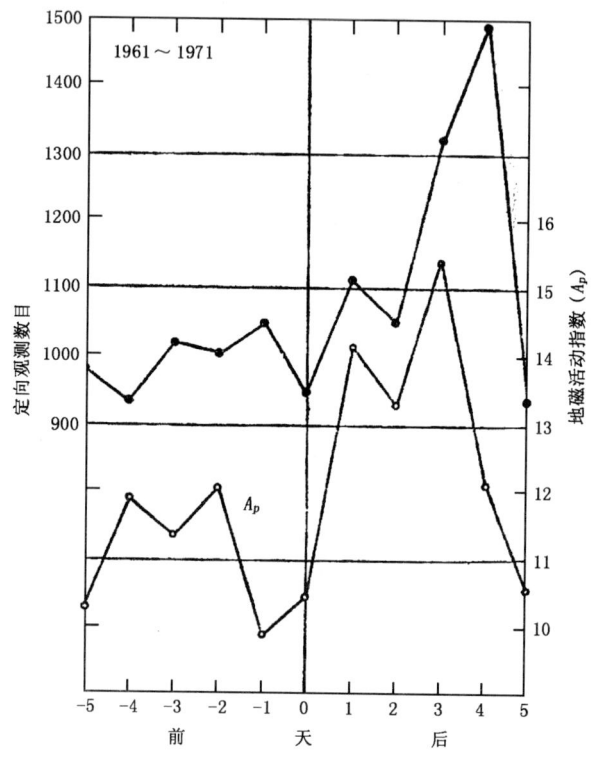

图 6.21　1961~1971 年的 $\geqslant$2B 耀斑前后
雷暴活动及地磁指数 A_p 的时间迭加分布
（霍尔曼等　1984）

我国学者应用时序迭加法和相关分析方法,探讨了太阳活动各指数与北京、东北地区、海南地区雷暴的关系。所有的研究表明,太阳活动与雷暴的相关性跟纬度有关,在高纬度地区有较好的相关,而中、低纬度地区相关性较弱。研究还表明,强的耀斑,其相关性也大。这些结果跟国外的有关研究成果是一致的。

傅元芬、黄寅亮等(1993)研究了 1971～1980 年间 2 级以上耀斑爆发与我国各地雷暴的关系。发现了雷暴对耀斑的短期效应,存在明显的空间差异。一些地区,在耀斑爆发后雷暴活动明显增强(称这些地区为"正响应区"),而在另一些地区中明显减弱(此地区称"负响应区")。正响应区主要在华东地区至四川盆地的整个长江流域,负响应区主要在黄河上游、华北中部、环渤海地区及东北三江平原。由于采用资料时段较短(仅 9 年),他们的结果是否具有普遍性,需进一步深入探讨。

此外,我国学者发现,日面上的东、西不同位置的耀斑,对雷暴的影响是不一样的,东边的耀斑能引起较强的雷暴。

· 太阳活动对大气电过程的调制

太阳活动与天气/气候关系的物理机制如果是通过大气电(或空间电)过程,那么粗略的链式就是

$$\boxed{\text{太阳}} \rightarrow \boxed{\text{大气电}} \rightarrow \boxed{\text{天气/气候}}$$

因此,要弄清两个重要的过程,一是太阳活动对大气电性能的调制影响过程,再就是大气电性能如何影响气象过程。各种过程都相当复杂,有些问题至今仍不清楚。

我们暂不考虑太阳风—磁层—电离层的耦合过程,而考察太阳活动与大气电性能的关系。

首先奥尔松(Olson,D. E.)综合分析了近 50 年来的大气电参量的测量结果表明,电参量的 1 小时至 4 天的短周期变化与太阳耀斑和极光现象有相关性。发现在太阳强耀斑活动以后,在 3～4km 高度上大气的气地电流密度、电导率和电场都增大;在强耀斑后,极盖上空 30km 高度上的气地电流立即有显著的增强。极光活动对地面大气电场有直接影响,观测到的电场波动达 40%～400%。而众所周知,极光频数亦是太阳活动的一种指标。

大气的电导率(导电性能的表示)与大气电离率密切相关,而大气电离率又与太阳活动有关,因此,大气电导率亦与太阳活动有

关。

言穆弘等的理论计算结果表明,大气电导率随高度增加而增加,并且变化量随纬度增高而逐渐加大。太阳耀斑高能粒子的进入,将使大气电导率增加很多(如在纬度 60°,高度 15km 以上增加几个量级)。一般说,高能粒子注入,使低层大气电场强度增大约 50% 左右。他们又依据二维时变轴对称模式,数值模拟雷暴的动力增长与电增长过程,得到的结果表明,仅仅考虑对流起电机制(未考虑其他起电机制),就足以说明太阳活动在合适条件下能增强雷暴内电活动,而雷暴电活动增强,有可能影响天气过程。由此,他们提出一条物理链,即:太阳耀斑爆发→中层大气电导率和晴天电场强度增强→雷暴电强度增强,电能积累→雷暴对流增强…→大气环流(如哈特莱环流)增强。虚链表示这种联系尚未确定,取决于时空条件。

以太阳耀斑为代表的太阳活动增强时,银河宇宙线到达地球大气的强度减弱,即出现福布希下降现象。这就使全球大气的电离率下降,导致电导率下降,影响了全球电路,从而影响大气电性态。这是太阳对大气电过程调制的一种现象。福布希下降现象早已被观测所证实。

第二个调制因素是太阳活动的增强本身意味着太阳宇宙线的增强,这就会增大对大气的直接电离作用。这种只从太阳发射出来的宇宙线比四面八方来的银河宇宙线来说,影响一般小得多,但它在高纬度地区的大气中造成明显的电离增强效应。这是太阳对大气电状况的直接调制因素。

叶宗海等直接考察了太阳耀斑对电离层总电子含量的影响。发现只有持续时间大于等于 1.5h 的耀斑,才对电子含量有明显的扰动。小于 1.5h 的耀斑,影响甚微。耀斑出现后,电子总量随之增加,在第 4~5 天增加到最大值。此外,他们发现日面东边的耀斑对电子总量有明显的扰动(即有东西不对称性);冬季(10 月至次年 3 月)内的耀斑影响比较明显。

第六章 太阳活动与气象灾害

• 大气电如何影响气象过程

大气电的主要充电电源是雷暴。因此,不少学者从雷暴入手去考虑气象过程。据估计,在任一时候全球约有 2000 个左右的雷暴活动,它的覆盖面积约占全球面积的千分之一。太阳的加热是大气出现强对流,从而形成雷暴的原动力,因此,赤道附近地区雷暴最多,而极区却很少。但是,雷暴本身又是一个变电力的过程,需要从空间电学方面予以研究。

言穆弘等认为,在雷暴中,对流起电机制是一个不可忽略的重要过程。对流起电理论首先为汪尼古特(Voniugut B.)于 1953 年提出。云顶处的屏蔽负电荷源源不断地向云中下部输送负电荷,而地面尖端放电所产生的电晕正离子,由上升气流携带到云中上部。一些观测说明起电与对流发展有关。此外,大陆雷暴的闪电频数比海洋雷暴大 2~4 倍,至少也说明地面尖端放电对起电的作用。他们利用分层模式分析了对流运动和各类电参量之间的关系(见图 6.22)。

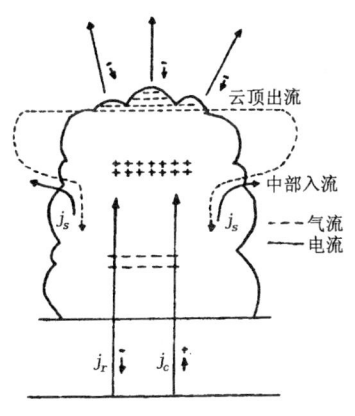 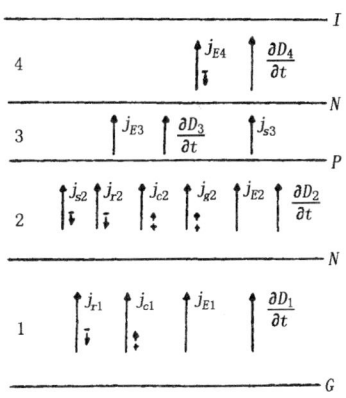

(a) 雷暴电结构和气流结构示意图　　(b) 等效计算模式

图 6.22

(言穆弘等　1991)

雷暴发展初始阶段,对流较弱,起电率很弱,主要是降水起电机制作用。

雷暴发展到成熟阶段,对流起电作用显著,雷暴上空形成持续向上的充电电流,以维持全球电流循环。在通常情况下,屏蔽层电能并未达到最大状态。某些特殊事件,例如太阳耀斑爆发能增大中层大气电导率平均约60%。所以,太阳活动可以通过增加中层大气电导率来增强雷暴对流起电过程。

飞机观测到雷暴顶上空存在稳定的充电电流,证实了对流起电过程的存在。

黄寅亮、黄更生在《云中电荷对大气水平散度产生率的影响》(科学通报,1984,No.22)中,指出:荷电云的电动力作用可能对中、低纬中小尺度(10~100km,100~500km)系统发展起着重要的作用。由于动力影响,将可造成短期天气变化。

他们还通过不同发展过程(分为发展阶段、积云发展阶段和成熟阶段),雷暴云中电荷和静电力(实为变电力)散度分布的理论计算,进一步确认,太阳活动通过调制大气电状态,改变雷暴云中的荷电过程和电荷分布,通过静电力的作用,可直接影响雷暴云的动力发展,从而影响天气、气候过程是完全可能的。

言穆弘等利用包括电场的积云动力方程,去计算垂直涡度时间变率,得知雷暴云内的电活动,可以在云下部产生能与动力贡献相比拟的水平旋转气流,在低层增加气流辐合,对流发展。特别在低纬度地区电活动占主导地位,增强雷暴的对流活动。在合适条件下有可能发展成台风、龙卷风等猛烈天气现象。

• 太阳风、磁层、电离层间的耦合问题

在日地关系的链式上,太阳风、磁层、电离层间的耦合是重要的一环,电学过程同样在其中起着重要作用。由于这一通道中,空间环境的特点是等离子体介质,所以电学过程和运动学过程是密切结合在一起的。例如,若空间不存在电场强度,则太阳风就不会具有速度,即不可能从太阳喷射到地球而传递太阳扰动的信息。换句话说就是,任何质量、动量和能量的传递都离不开电学过程。可见空间电学在日地关系这一环节上的重要性。

沈长寿研究了1978~1979年间3次大磁暴期间太阳风、磁层和电离层间的耦合过程。指出磁层与电离层均能很快地响应太阳风的变化。但对行星际磁场(IMF)的B_E的南向分量与北向分量,电离层的响应有些差异(快的或弛缓的过程)。

后来在分析1993年9月的大磁暴时,他们得到:磁层—电离层耦合,在磁暴主相时,以电动耦合为主,扰动能量可经极光区直接穿透到赤道附近;而在恢复期时,则以动力耦合为主。电离扰动发电机电流系与磁静日S_e电流系大致反相。实际耦合过程很复杂,目前只是理想的模型。

一般说,磁层的变化直接响应于太阳风中的磁场、等离子体密度和速度的变化,尤以对激波的反应最为剧烈。

* * *

在讨论"太阳—气候关系"的机制时,我们不应忘记,太阳活动与天气、气候的关系还没有研究得很透彻。二者相关统计结果有明显的地区性和时段性。有些关系尚不清楚。而制约大气变化的因子很多,并不仅仅一个太阳活动,所以关于"日—气"机制的研究,显然是十分复杂的,难度也大。

我国学者在空间电机制的研究,虽然取得不少成果,但研究中又发现了许多新问题,都需要继续探讨。除了理论研究外,实测仍是不可少的。国内有关部门已拟定了一系列的观测项目,有些项目已在进行中。那里需要发射若干人造卫星与火箭,应用崭新的技术与方法。相信未来的研究,一定能取得丰硕的成果。中国应当对人类有更大的贡献。

太阳活动与冰期

我们地球的历史上,曾经有过几个大冰期,大冰期中气候寒冷,不少生物物种灭绝。而在大冰期之后气候转暖,有不少新生的物种繁荣发展。在漫长的古气候变迁过程中,反复经过几次大冰期气候。其中最近的三期都具有全球的意义,发生的时间也比较确定。它们是:震旦纪大冰期、石炭—二叠纪大冰期和第四纪大冰期(见图6.23),在大冰期之间的气候称为大间冰期气候。

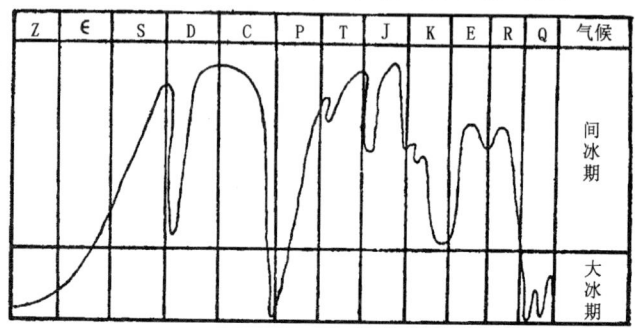

图 6.23 地质时代的气候变迁图

Z——震旦纪 ∈——寒武纪 S——志留纪 D——泥盆纪
C——石炭纪 P——二叠纪 T——三叠纪 J——侏罗纪
K——白垩纪 E——早第三纪 R——晚第三纪 Q——第四纪

震旦纪大冰期发生在距今约6亿年以前,后来的寒武纪、奥陶纪、志留纪、泥盆纪和石炭纪五个地质时期,共经历3.3亿年,都属于大间冰期气候。当时,整个世界气候趋于暖化。

石炭后期至二叠纪时为第二个大冰期,距今约2～3亿年,在南半球表现得比较明显。

三叠纪、侏罗纪、白垩纪都是温暖的气候,直到新生代的第三纪时世界气候更趋暖化,共计约2.2亿年。

第四纪大冰期距今约200万年开始,直到现在。人们对第四纪的地球物理状况有比较详尽的研究。但对目前,我们是处在大冰期之中,还是处在大冰期之末,开始新的温暖期,仍处在争论之中。

在第四纪大冰期中可分为几个亚冰期,表6.6表示了它们距今的年数,以及它们的名称。我国确定的鄱阳亚冰期(相当于欧洲的群智亚冰期)距今约90～120万年;大姑亚冰期(相当于欧洲的民德亚冰期),距今约68～80万年;庐山亚冰期(里斯亚冰期)距今

表6.6 第四纪大冰期中的亚冰期

影响第四纪气温的因素综合曲线		距今年数（千年）	欧洲的亚冰期	中国的亚冰期对比（暂定）
热	冷			
		100	武木亚冰期 {武Ⅰ 晚期 / 武Ⅱ 早期}	大理亚冰期
		200	里斯—武木间冰期	
		300	里斯亚冰期	庐山亚冰期
		400 500 600	民德—里斯间冰期	
		700	民德亚冰期	大姑亚冰期
		800 900	群智—民德间冰期	
		1 000 1 100	群智亚冰期	鄱阳亚冰期
		1 200 1 300	多脑—群智间冰期	
		1 400 1 500 1 600 1 700 1 800 1 900	多脑亚冰期	

（张家诚等 1976）

约24～37万年;大理亚冰期(武木亚冰期)距今约10～12万年。近年来对深海钻孔所得的物质作氧同位素年龄测定,得到了近70万年来的古气候记录(参见徐钦琦著的《天文气候学》[中国科学技术出版社,1991.10]),对于冰期与间冰期有更准确的年代划分。

在发现了种种冰期之后,人们就开始探讨"为什么有大冰期存在?"的问题。显然,地球大气的热源主要是太阳能,人们首先想到,是不是在多少万年,多少亿年之前,太阳辐射热有变化,导致地球有冰期与间冰期？太阳是不是一颗变星？或是太阳经过弥漫的星云物质,而这些介质吸收了大量的太阳光热,以致地球上出现寒冷的气候？

后面一种设想,是依据于银河系的旋臂结构理论。我们银河系中可见物质的分布是不均匀的,其中有大量的恒星与星际物质集中于几条旋臂上。如果我们的太阳穿行于旋臂中,那么太阳与地球及其他行星都经过弥漫星际物质,阳光被星际物质吸收了一大部分,势必导致地球及其他行星的大气温度下降,可能形成冰期气候。只有太阳系走出星际尘埃云时,地球及其他行星的气候才会转暖。现在对这个假说的理论探讨是不少的,但是很难找到证据或旁证。宇宙间的事物都有一定的规律存在(必然性),几次大冰期的时间间隔就无规律存在。当然,事物的发展也有偶然性,因此对这个假设也不能一概否定,需要继续探讨。

再来看看太阳本身的变化问题。在恒星世界中变星(指光度会变化的星)是不少的。变星的变光形式又是多种多样的。有一类脉动变星,它们的体积会忽大忽小。在体积膨胀时,光度大,比较明亮,而在体积缩小时,光度小,比较暗黑。但是,我们的太阳不是脉动变星。从有观测历史以来,人们并没有发现太阳体积有像脉动变星那样忽儿膨胀,忽儿缩小。"太阳常数"的测量,也说明太阳光热的变化是很微小的(占不到1%),不足以引起大冰期的发生。

但是,太阳活动是存在的。依据太阳黑子数及磁场获得太阳活动具有11年、22年,以及"世纪周期"、"行星周期(179年左右)"、

但太阳活动还有没有更长的周期变化呢?

1976年美国天文学家艾迪(J. A. Eddy)发表了自己的重要研究,指出在近7 500年来太阳活动水平并不是平稳和均匀变化的,而是经历过一系列的极大期和极小期(图6.24)。艾迪的结论主要是从古树年轮的同位素碳14(C^{14})的含量变化中得到的。

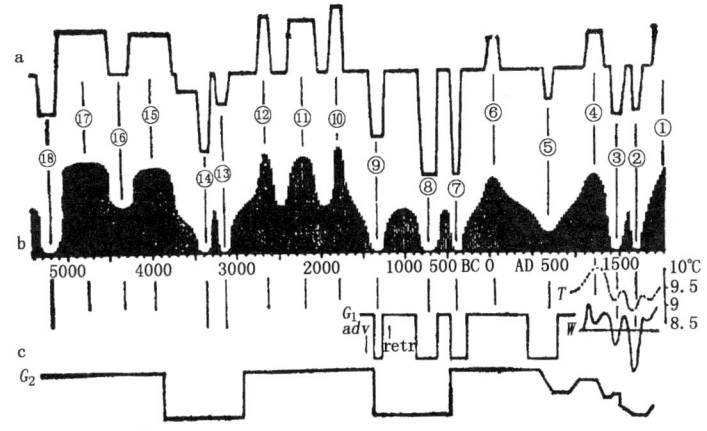

(a) 艾迪的太阳活动曲线

BC为公元前,AD为公元后,T为英国平均气温,W为巴黎—伦敦地区寒冬指数(向下代表更冷),G_1为阿尔卑斯山冰川升降时间,G_2为遍及全球的冰川升降

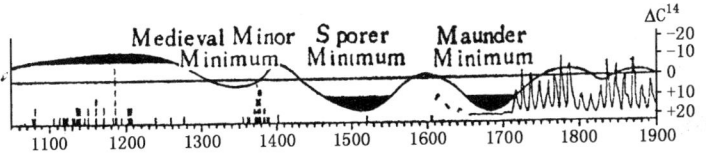

(b) 艾迪的太阳活动曲线(显示近期的三个极小期)

图6.24

原来,地球大气中C^{14}主要是由银河宇宙线轰击形成的。当太阳活动强烈时,来自太阳的粒子流增强,它们在地球周围形成关于宇宙线的屏蔽作用,使大气中C^{14}的含量下降;反之,当太阳活动减

弱时，C^{14}含量就增加。而C^{14}在树木的生长过程中被记录在年轮中。这样，测定树木年轮中C^{14}的含量，就可推测太阳活动的强弱。艾迪利用北美一些千年松树和古老死树，来测出C^{14}的含量。并且参考了古代的极光记录、黑子记录，以及日全食的日冕形状图等，得到如图6.24的太阳活动曲线（张元东，李维宝　1989）。

从艾迪曲线看来，太阳活动的长期变化似乎是不规则的。在近7500年中，太阳活动经历了7个极大期与8个极小期（表6.7），但是每个极大（或极小）期的强度与经历的时间并不一样。比如公元前四五千年（艾迪编号为15号、17号）极大期就很长，最长达500年。最近的两个极小期为：1645～1715年间的蒙德尔极小期（2号）与1460～1550年间的斯波勒极小期（3号）。最短的极小期约为70年。

表6.7　近5000年来太阳活动异常期

编号	名称	可能的范围
1	现代极大	公元1780～
2	蒙德尔极小	公元1645～1715年
3	斯波勒极小	公元1460～1550年
4	中世纪极大	公元1120～1280年
5	中世纪极小	公元640～710年
6	罗马极大	公元前20～公元80年
7	希腊极小	公元前440～360年
8	荷马极小	公元前820～640年
9	埃及极小	公元前1420～1260年
10	石柱极大	公元前1870～1760年
11	金字塔极大	公元前2370～2060年
12	苏马极大	公元前2720～2610年

艾迪的太阳活动曲线是真实可靠的吗？目前能够用于对它进行检验的主要是古气候的资料。图6.24(a)下边的几条曲线的升降情况与太阳曲线升降相当符合。图6.24(b)所示的斯波勒极小期与蒙德尔极小期中，欧洲气候严寒，我国气候也特别寒冷。当时的全球平均气温分别下降了0.1度和1度。而在艾迪所谓的中世

第六章 太阳活动与气象灾害

纪极大期(1120～1280年间)时,西欧平均温度显著升高,出现温暖期。此时期我国气候亦比较温和。这些是比较符合的情况。但也有相反,比如我国的隋唐时代(公元6～9世纪)气候比较温暖,而在艾迪的曲线上并不是"极大期"。

云南天文台的丁有济等人在研究中国古代黑子记录中,得到公元以后太阳活动有7个极大期与6个极小期(表6.8)。其中有3个极大与3个极小同艾迪的太阳活动曲线是相符的。

表6.8 太阳活动的长周期极大和极小年代(公元…年)

极大期名称	峰年	周期长度	极小期名称	谷年	周期长度
(晋)永和极大期	350		(魏)始光极小期	425	
(魏)景明极大期	500	150	中世纪极小期	680	235
(唐)大中极大期	850	350	(宋)咸平极小期	1000	320
中世纪极大期	1150	300	(元)咸淳极小期	1265	265
(明)洪武极大期	1375	225	斯波勒极小期	1475	210
(明)万历极大期	1610	235	蒙德尔极小期	1740	265
现代极大期	1870	260	(未来)极小期	(1990)	250
(未来极大期)	(2120)	250			
平均周期长	252.9年					

(丁有济等 1982)

我国著名科学家竺可桢曾根据物候记录及其他古书资料,于1973年作出近5000年来的中国温度曲线。这是个十分重要的科研成果,已为大家所引用。后来任振球据九大行星会聚规律,计算出一条温度曲线。在作二者的对比中,任振球将竺氏曲线左边的未算出的一段补齐了(图6.25),用虚线表示(任振球 1990)。

由此可见,近5000年来,中国气候经历了几个寒冷期:①公元前2000年前后;②公元前1000年左右到公元前850年(周代初期);③公元初年到公元600年(东汉、三国到六朝时代);④公元1000年到1200年(南宋时代);⑤公元1400年(明末清初)开始,最寒冷的是在1650～1700年间。在这50年间,长江、汉水都曾结过冰。经营近千年的江西省橘园和柑园,在1654年和1676年的两

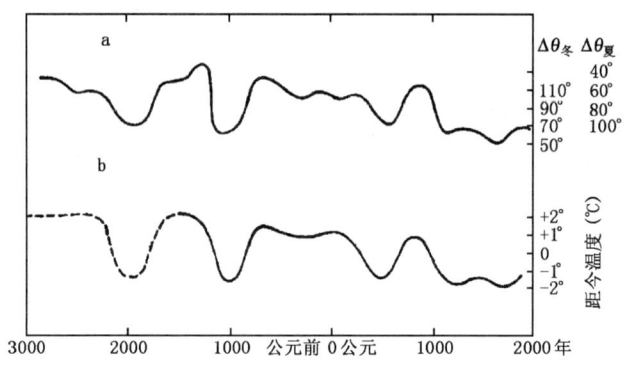

图 6.25 公元前 2900 年以来的中国温度变化曲线
a. 据九星地心会聚计算的 b. 据中国物候推算的
(任振球 1990)

次严寒中完全毁掉了。

在考察表 6.8 时,我们可以了解到,近 2000 年来的寒冷期③、④、⑤都发生在太阳活动极小期。更远的寒冷期①,恰在艾迪曲线编号的⑩与⑪之间,虽不是极小期,但太阳活动强度是比较低的。而寒冷期②,对应的太阳活动强度也不大(见图 6.24(a))。

因此,我们可以说,气候变化总是跟太阳活动密切相关的。在太阳活动处于衰弱时期,气候就比较寒冷;相反,在太阳活动处于强盛时期,气候就比较温暖。

至于地质史上的大冰期,是否也跟太阳活动有明确的关系?尚需进一步研究。

第七章 太阳活动与地震灾害

地震活动的某些规律

大地震是全球性的自然灾害,是人类繁衍生息、社会发展的一种可怕天灾,又是瞬时突发性的严重社会灾害。

我国的自然灾害约占全球的1/3,而地震又是其中之首。1976年唐山大地震,使整个唐山变为一片废墟,死亡人数在24万以上,损失极其严重。

由于地震灾害的严重性,所以人们一直在探索地震发生的原因及其规律性,期望能找到预测地震发生的办法,有备无患,藉以尽量减轻灾害带来的损失。

在考察古今中外的地震时,人们早就发现地震具有地域性与发生的阶段性。世界的重大地震大都发生在环太平洋带及欧亚大陆带。而我国的地震分布也具有条带性(按马宗晋院士的划分共有23个条带区域)。地震在某一段时间内频繁发生,强度也大,而在另一段时间内则数量少,强度也小。这样,相对来说,地震就具有"活跃期"与"宁静期"的交替现象。但二者的时段往往不等长,且各地震带的始末时刻也不一样。这些,都可以不同地震区的地质构造不完全一致来解释。

地震发生的活跃期与宁静期的交替,可看作一种韵律或周期。但是,这里讲的"周期"并不是物理学上的振动或运动的严格周期,而只能是"准周期"。习惯上舍去"准"字,而直说为"周期"。

上世纪 30 年代曾发生过地震有无周期性问题的激烈辩论。达维逊(Davison. C)认为地震是有周期的。而地震大师杰弗利斯(Jeffreys,H.)坚决反对地震有周期性,他认为地震序列符合一定的统计分布(比如泊松分布或其他统计分布)。从 50 年代起,有不少人认为地震的发生不是纯粹的独立事件,而是有规律性的,并进一步探讨了地震的周期性问题。

我国一些专家学者(比如徐道一等人)认为地震的发生有一定的周期性,亦有随机成分。地震震级大小不一样,周期性的明显程度亦有所不同。在研究中,主要抓破坏性地震,抓大地震。

世纪周期

我国悠久的历史上留下了丰富的地震记事,便于我们探索地震的长周期性。

梅世蓉(1960)认为我国地震活动性有大约 1000 年的周期。王嘉荫(1963)依据《中国地质史料》统计出,我国破坏性地震在公元 100～200 年和 1600～1700 年为明显的高峰,相隔时间约 1500 年。图 7.1 中显示了这个大的间隔外,还有几个小峰值相距 300 年或 300 年的倍数,反映了约 300 年左右的一个长周期。

从邻近我国的朝鲜、日本、印度、土耳其等地的地震记载来看,在 16～17 世纪时亦为其地震的高峰期。在如此广阔的地域中有强烈的地震活动,其控制因素很可能是全球性的或宇宙性的。现在的多方面灾害的研究表明,该时期各种自然灾害频繁,且跟太阳活动及其他天体运动有一定关系,因而称之为灾害的"明清宇宙期"。此外,我国历史上还有明显的"两汉宇宙期"及尚未明确的"夏禹宇宙期",等等。

第七章 太阳活动与地震灾害

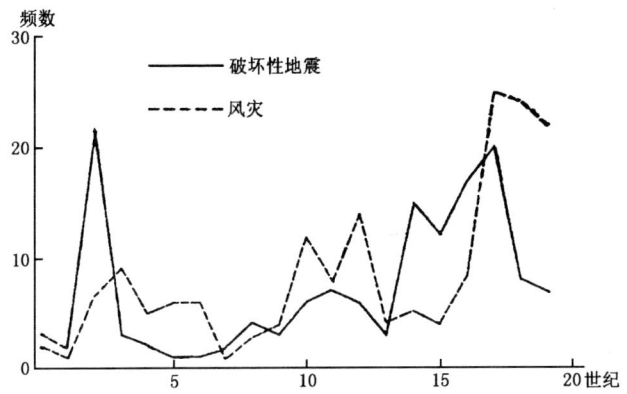

图 7.1 公元以来破坏性地震(实线)与风灾(虚线)频数
(徐道一等 1979)

我国华北地区 6 级以上地震存在一个 300 年周期。如 1068 年 8 月 14 日河北沧县 6 级地震,1368 年 7 月 8 日山西徐沟 6 级地震,1668 年 7 月 25 日山东郯城 8.5 级地震,1969 年 7 月 18 日渤海 7.4 级地震,四个地震相距约为 300 年,发震日期全在 7、8 月份。再者,1679 年 9 月 2 日河北三河、北京平谷 8 级地震,与 1976 年 7 月 28 日河北唐山 7.8 级地震的时间间隔也近于 300 年(实为 297 年)。

宁夏西海固地区历史上多次发生破坏性地震,其周期亦约为 300 年。

苏联高加索地区和土耳其的地震,具有 250~300 年的周期,此外,尚有 30~35 年左右的中长周期。

中长周期

中长周期指的是几年至几十年的周期。

毛塞太(Mosetti F.)对欧洲和亚洲的 1700~1930 年地震频数进行分析,发现有 45 年左右的周期,相当于黑子 11 年周的四倍。

徐道一等指出,我国华北及其附近地区 6 级以上地震有一个 27~31 年的周期。

华北 5.25 级以上地震具有 22 年左右的周期。

北京和河北北部地区地震有一个 11 年左右的周期(表 7.1)。

表 7.1　北京、河北北部 11 年左右的地震周期

时间			地点	震级	间隔
年	月	日			
1911	1	26	蔚县	5.5	12 年
1923	9	14	高碑店	5.5	11 年
1934	10	27	抚宁	5.0	3 年
1937	9	26	怀来	5.0	8 年 } 11 年
1945	9	23	滦县	6.25	12 年
1957	1	1	涿鹿	5.0	10 年
1967	2	28	延庆	5.5	9 年
1976	7	28	唐山	7.8	

(徐道一等　1979)

云南与缅甸一带大地震有 19 年左右的周期:1912 年 5 月 23 日缅甸 8 级大地震,1931 年 1 月 28 日缅甸 7.6 级地震,1950 年 2 月 3 日云南勐海 7 级地震和 1970 年 1 月 5 日云南通海 7.7 级地震。

新疆库车地震带有明显的 10 年周期:1949 年 2 月 24 日轮台 7.25 级地震,1959 年 6 月 28 日温宿北 6.75 级地震,1969 年 2 月 12 日乌什 6.5 级地震。后来,1979 年 3 月 29 日,在乌什地区又发生一次 6 级地震。

此外,不少地区的地震(如南北地震带、华北及邻近地区)具有 6~7 年周期。

更短些的,四川地震有 2.5~3.5 年周期:1967 年 8 月 30 日炉霍 6.8 级地震,1970 年 2 月 24 日大邑 6.25 级地震,1973 年 2 月 6 日炉霍 7.9 级地震,1976 年 8 月 16 日松潘 7.2 级地震。后者曾被徐道一等人所预测出来。

印度在 20 世纪前的较大地震发生在公元 893~894 年、1505 年、1618 年、1668 年、1819 年有较为明显的 30 年周期和 10 年周期(尼可列夫　1969)。

日本 16 世纪以来的地震,具有 30~35 年左右的周期。从

第七章　太阳活动与地震灾害

1890年开始有地震仪器记录以来，1891～1963年共73年中有7次较大的能量释放(1891年、1901年、1911年、1933年、1946年、1952年、1963年)，其间隔在10～11年、22年。这些都与太阳活动周期相对应。

美国加利福尼亚州大地震的时间间隔，也可以找出34年、19年、12年的周期规律。34年是太阳黑子周期的三倍。

年周期及更短周期

有些地区的地震具有一年左右的周期，如华北地区就是这样，见表7.2。

表7.2　华北地区的年周期

时间			地　点	震　级	时间间隔
年	月	日			
1966	7	19	河北隆尧	5.1	374天
1967	7	28	河北怀来	5.5	363天
1968	7	25	河北束鹿	4.75	358天
1969	7	18	渤海	7.4	385天
1970	8	7	山西垣曲	4.7	362天
1971	8	4	内蒙古呼和浩特	4.7	

(徐道一等　1979)

更短周期指的是几天至几十天的周期，但比较少见。一般是在7～8级大地震后接着发生6～7级地震(不一定在同一地区)，其间隔有96天左右的，如1972年1月25日台湾发生8级地震，过90天后，1972年4月24日又在台湾发生了7.3级地震。1973年2月6日四川炉霍发生了7.9级地震，过91天后于1973年5月8日在松潘又发生了5.2级地震。

唐山地区，1976年7月28日7.8级大地震后11～12天，于8月8日又发生了6级余震，8月9日在滦县发生6.2级地震。

辽宁海城地区1975年2月4日发生7.3级地震后11天和12天，于2月15日和16日分别发生5.4级地震。

周期对应关系

人们在分析地震的周期或韵律中,就发现不少地震周期跟太阳活动周期有对应关系。前面提到地震有千年周期,而南京大学程庭芳教授早已提出太阳活动有1000年的周期。宇宙间有这么相等的周期,肯定不是偶然的,如果再看看各地区的地震周期,有不少跟太阳活动的各种周期相符合,那么,我们可以认为地震是受太阳活动调制的,这个观点虽然目前尚未得到科学界的公认,但仍是十分诱人注意的。

早在1874年,皮依(Parry W.E.)研究圣安德列斯及墨西哥地震时,就指出太阳黑子最多和最少时,地震同样是多的。

1930年,高山威雄和铃木武夫统计了1608～1925年日本大地震频数与黑子的关系,发现黑子最多时日本内侧地震带的地震多;而黑子最少时,外侧地震带的地震多。

1968年辛普森(Simpson J.F.)研究了1950年到1963年6月30日期间全球的地震($M \geqslant 5.5$级共22561个)与太阳活动的几个指标之间的关系,发现在长趋势方面,地震每日频数与太阳黑子数有对应的关系。黑子数多的时候,地震频数也变大(图7.2)。

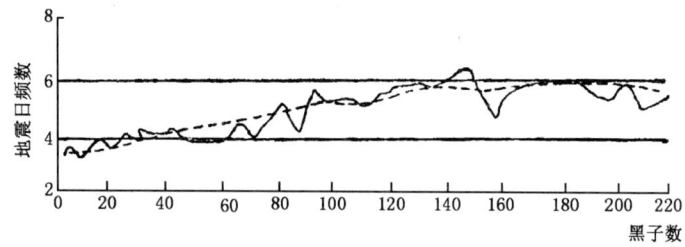

图 7.2 全球地震日频数(虚线)
与黑子数(实线)的对应关系

(徐道一等 1979)

苏联 A.Д.瑟京斯基研究出版了《全球地震活动性与太阳活动及大气过程的关系》(国内有中译本,地震出版社1991年出版)。书中指出:全球大地震($M \geqslant 6.0$ 级)年能量总和 $\Sigma E(t)$ 的极大值都出现于太阳活动11年周期极大值(第0年)附近,偏移为1年(+1年)——1906年、1918年、1929年、1938年、1948年、1957~1958年、1969年,以及出现在这一周期的极小值附近(平均为+6±1年)——1911年、1923年、1933年、1943年、1953年、1964年、1975年。此外,高地震活动性还经常出现在太阳11年周期极大值之后第3年(+3年),即下降段中——1920年、1931年、1941年、1950年、1960年、1971年。表明全球地震活动性对太阳活动11年周期的相位存在着依赖性。

云南天文台罗葆荣分析全国和云南的地震与太阳活动的关系,发现在地震的频度方面,大体上存在一个与太阳11年周期相关的周期。地震活动的峰值对应于太阳活动的降段(图7.3)。

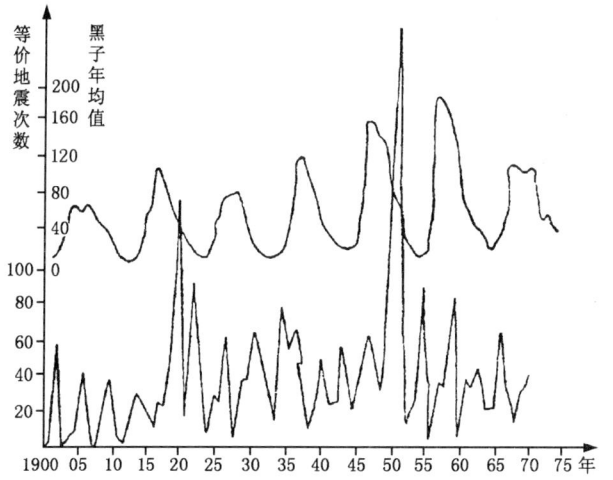

图 7.3 全国地震($M \geqslant 6$)和太阳周期活动相关曲线图
(罗葆荣 1976)

广州地震大队的黄录基、郭恩华(1975)分析了1755~1974年间

我国破坏性地震在 11 年周期中的分布,得到几个十分重要的结果:

(1) 太阳活动双周的地震水平比单周的高,绝大部分 8 级大震发生在双周内;

(2) 近百年来,在太阳活动的谷年内都发生 7 级以上地震,无一例外;

(3) 在单周上升段内 6 级以上地震的可能性相对最小。

江苏省地震局褚志宏等人(1976)按震源深度方面作了研究,发现 1755～1975 年间有下列情况:① $\geqslant$ 5 级的深源地震的震级与 $\lg R$(R 为黑子数年均值)呈线性相关;② $\geqslant$ 6 级浅源、中源地震活动性在 11 年周期极大年后第 2～4 年明显增强,其中以第 3 年最显著;$\geqslant$ 7 级的在极大年后第 3 年加剧。但是应当指出,褚志宏等在统计中是取 R 的三年滑动平均值的最大值年为极大年,同我们常用的 R 的最高值年为极大年(M)是不一样的。

讨论时段最长的要算是刘德富等人所作的时段长达 2000 年多(公元前 70 年到 1976 年)。他们讨论中国大陆发生的大于或等于 7 级地震在太阳 11 年周期各位相的分布,得到表 7.3。

表 7.3　太阳黑子 11 年周期各位相大地震平均年次数分布

位相	$m+1$	$m+2$	$m-2$	$m-1$	M	$M+1$
地震累计次数	14	5	6	8	7	9
位相占有年数	199	174	190	185	185	185
频次(%)	7.0	2.9	3.2	4.2	3.9	4.9
位相	$M+2$	$M+3$	$m-3$	$m-2$	$m-1$	m	总和
地震累计次数	7	2	6	7	8	15	94
位相占有年数	162	102	123	178	185	185	2 050
频次(%)	4.2	2.0	4.9	3.9	4.3	8.1	

(刘德富,黎令仪　1984)

由表 7.3 可以看出,中国大陆大地震多发生在太阳 11 年周期的 m 与 $m+1$ 位相,即在太阳活动的谷年及其后一年。

又将 $\geqslant$ 7 级地震画在中国大地图上,可以见到,以中国南北地震带为分界线,我国东、西两部分的地震活动对太阳活动的响应有

第七章 太阳活动与地震灾害

明显的不同。东部的地震大多(近70%)发生在太阳活动的单周内,而西部的地震大多(近70%)发生在太阳活动的双周内。如果比较 m 位相与 M 位相的发震次数,那么,西部在 m 位相占优势,东部在 M 位相略多些(图7.4)。

从8级以上大震看,东部地区共10次,其中9次都出现在单周;西部地区共有6次,全部出现在双周内。

刘德富等人后来进一步研究,中国大陆地区≥7级地震与太阳活动位相的关系可以划出几个区域。随着太阳活动位相的转移,发震区域也相应转移。在 m 位相时,新疆附近,北京以东和川、滇两省的大部分地区是可能发生大震的主要区域;在 M 位相期,可能发震的区域将转换到西藏东部、青海、甘肃东部、宁夏、陕西、山西、两广沿海及东北深震区。这种图像十分有利于地震的预测。

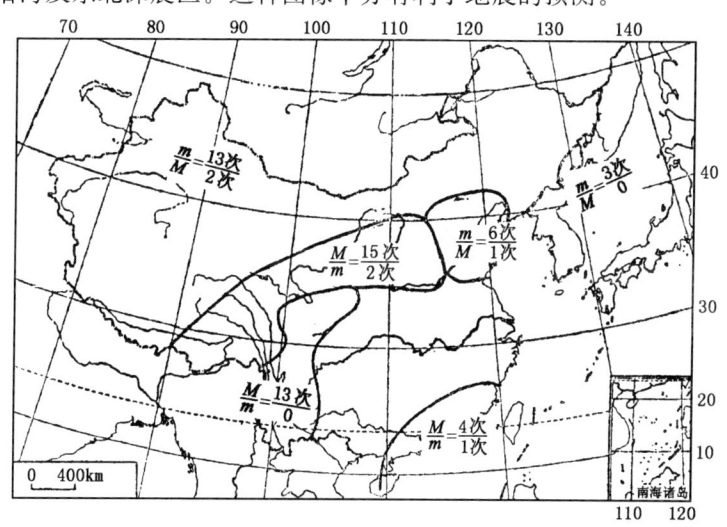

图7.4 太阳活动峰段(M)和谷段(m)中国大陆
地区7级以上地震发生的分配比例
(刘德富,黎令仪 1982;杜品仁,徐道一 1989)

近年来,马秀芳应用模式识别法来研究太阳活动(以黑子数年平均值 R 为指标)与我国 $\geqslant 6.0$ 级地震的关系,得到一些有意义的结果:

(1) 华北地区, $M_S \geqslant 7.0$ 级地震多发生在太阳黑子数 R 的极值年份及其附近年份;

(2) 华东地区, $M_S \geqslant 6.0$ 级地震多发生在 R 下降时段中的高 R 值($R \geqslant 60$)或低 R 值($R \leqslant 20$)的年份及其附近年份;

(3) 西藏地区, $M_S \geqslant 7.0$ 级地震多发生在 $R \geqslant 60$ 或 $R \leqslant 20$ 的年份,以及极值年份。

对于其他地区,由于投票的特征数少或没得出一定模式,关系不清楚。

华北地区是我国首都的所在地,又是地震多发地区,所以特别引人注意。有不少人探讨了该地区的地震跟太阳活动的关系。

大华北地区是指东经 $108°\sim 124°$,北纬 $34°\sim 41°$ 的地区,即北起阴山褶断带,南至河南许昌,西起内蒙古五原,东至辽宁丹东。陈绍明、杜锡武分析了 $1815\sim 1983$ 年间(共 168 年),震级 $\geqslant 6.0$ 的地震与太阳活动周的关系,得到表 7.4。

表 7.4 华北地震与太阳活动周关系统计表

太阳黑子活动时段	双周峰年段(± 1 年)	双周谷年段(± 1 年)	单周峰年段(± 1 年)	单周谷年段(± 1 年)	双周上升段	双周下降段	单周上升段	单周下降段	合计
地震数(次)	7	7	3	3	1	2	2	0	25
百分比(%)	28	28	12	12	4	8	8	0	100
地震数(次)	14		6		3		2		25
百分比(%)	56		24		12		8		100
地震数(次)	20				5				25
百分比(%)	80(可能发震时段)				20(平静时段)				100

(陈绍明等 1985)

由表 7.4 可见,在所统计的 168 年内,华北地区有 80% 的强

第七章 太阳活动与地震灾害

震发生在太阳黑子周的峰段和谷段内。其中尤以双周中的这两个时段更为集中,双周的地震数是单周的大约2.3倍(14/6),而单周下降段内却从未发生过强震。但是应当指出,并不是说太阳活动的单周下降段内一定不发生强震。上述结论是对特定时段(168年)而言的。

我们也曾探讨过全国$M \geqslant 5.0$级、华北$M \geqslant 5.0$级地震跟太阳活动、地球自转速度的关系,时段为1964～1975年(太阳活动第20周)。以往在作地震统计中,常将不同等级的地震等同看待,只算其频次,而从能量上考虑,如果将一个5.0级地震与7.0级地震等同看待就不合理了,因为震级相差1级,其能量相差约30倍。所以,我们引用了"等价地震次数"。"等价地震"把不同震级的地震化为同一震级。化算的公式引自朱传镇《有关震源体积的理论》(刊于《地球物理学报》12(2),1963)一文。设等价地震数为S,以5级为标准单位时,有:

$$S = \sum_{M=M_1}^{M_2} N(M) \cdot 10^{-2.5+0.5M}$$

式中M为震级,$N(M)$为某阶段时间内震级为M的地震频数。

太阳活动以黑子数年均值为指标。经计算得表7.5。可见,当年的相关是不明显的。仅在延后两年(华北)、4年(全国)才具有较大的相关。由于仅仅考察了一个太阳活动周(第20周),故所得结论不具有普遍性。

表7.5　华北地区及全国地震与黑子数的相关系数

年数	0	+1	+2	+3	+4	+5	+6	+7
华北$M \geqslant 5.0$	−0.17	−0.55	−0.71	−0.30	−0.06	0.39	0.49	0.66
全国$M \geqslant 5.0$	−0.34	−0.51	−0.25	0.71	0.84	0.78	0.32	−0.28

(年数中的+1,+2…表延后1年、2年……)(张元东等　1992)

蒋窈窕探讨了全国地震(公元136～1976年,$\geqslant 4.75$级)及江苏和近海地震(公元320～1982年,$\geqslant 4.0$级)与太阳活动的关系中,也应用了"等价地震频次"。计算结果表明太阳活动的影响是存在的。无论是江苏的或全国的地震活动高峰都在太阳活动 11 年周的 $M+3$ 与 $M-3$ 年时段,见图 7.5。

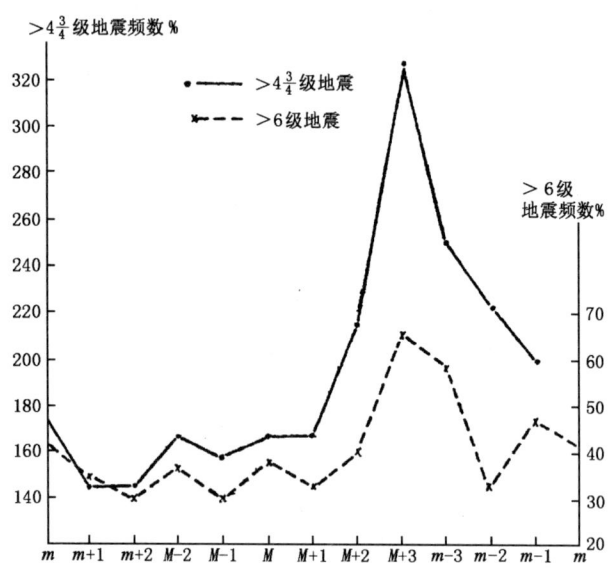

图 7.5　全国地震频次与太阳活动关系
(蒋毐窕　1991)

沈宗丕考察我国南北地震带(东经 104.5°～98.5°,北纬 22.0°～39.0°)在 1898～1990 年间发生的 $M \geqslant 6.7$ 级地震(有 38 次)随着时间的演变中,发现强震具有 22 年左右的周期。大致有 12 年的高潮期(活跃期)与 12 年的低潮期(相对平静期)互相交替。在高潮期内必有 $M \geqslant 7.5$ 级地震。他据此规律,预测 1993～2004 年在南北地震带内将出现强震高潮期。

磁暴地震二倍法

地球磁场在短时间内的剧烈变化就是磁暴(参见图 5.3)。磁暴是由太阳活动引起的。

太阳活动跟地震有一定的关系,那么,磁暴与地震是否有关系呢?

蒋伯琴(1985)应用格林尼治天文台1904~1953年的太阳黑子与磁暴资料,以及国家地震局编的全球7级以上地震资料,对太阳黑子、磁暴与地震的关系作了统计分析,得到下列结果:

(1) 太阳黑子、磁暴与地震数的逐年变化之间经11年滑动平均后具有相当高的相关性,而磁暴与地震的相关性更显著(图7.6);

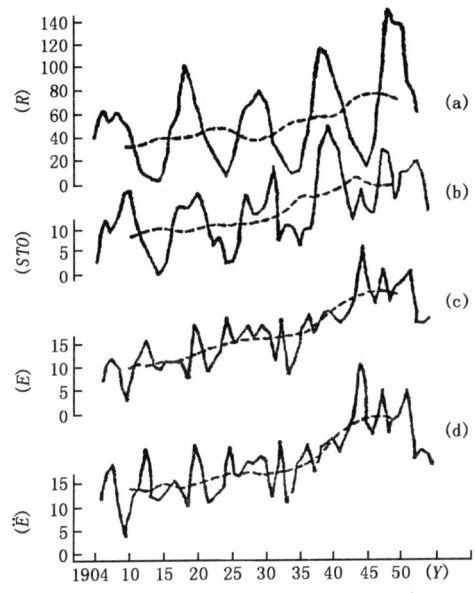

图7.6 太阳黑子、磁暴与地震逐年变化

(a) 1904~1953年黑子数(R)逐年变化曲线(11年滑动平均值)

(b) 同时期磁暴数(STO)(大磁暴1个作为2个计算)逐年变化

(c) 同时期地震数(E)逐年变化　(d) 同时期地震加权后($\ddot{E}$)的逐年变化

(张元东,李维宝 1989)

(2) 太阳黑子周期内,地震最多的年份常发生在黑子活动下降相位期间。这同前述几位作者的研究结果颇为一致;

(3) 太阳黑子、磁暴对地震的触发作用有一个滞后效应,前者为3～4个月,后者为1～3个月;也还出现有同时性效应。

胡福明(1979、1982)分析了行星际磁扇形边界扫过地球前后,大地震事件的频数,发现有"扇边效应"。就是当地球穿过扇形边界时,地震事件多;而当地球离扇形边界远时,事件少。统计表明,在扇形结构的前8天内有利于地震事件的产生,而其余时间不易产生事件。

他的研究表明,全国大地震($M \geqslant 7.0$)事件在扇形结构中的分布,与太阳光球磁场在扇形结构中的分布密切相关。光球磁场绝对值小时,对地震事件抑制作用小,使地震事件增多;反之,地震数减小。他认为,太阳磁场、行星际磁场(扇形结构)与大地震可能存在一定的关系,而太阳磁场很可能是有关地球物理效应的根本调制源。(这一观点,从太阳磁场变化的22年周期与地震周期的对应中亦可理解)

无论是蒋伯琴的研究,或是其他学者的分析,都说明地震与磁暴是有关系的。国外也有不少人(如瑟京斯基、力武常次)有这种看法。不过,国际上也有人认为磁暴与地震彼此没有联系。

但是,我国应用磁暴与地震关系来作地震预报,已取得相当的成功。这是独创性的,具有重大意义。

1966年河北邢台大地震之后,华北油田工人工程师张铁铮发明了预测地震的"磁暴二倍法"(1970)。选定一组磁暴,用其间隔的时间加倍后作为未来地震发生的日期和震级的预测。第一个磁暴称为起倍磁暴,第二个磁暴称为被倍磁暴。表7.6列举了张铁铮提供的事例,可见推算的发震日期与实际发震日期相差很小,这不是偶然的巧合,而是反映了一定的关系。

第七章 太阳活动与地震灾害

表 7.6　20 世纪 60 年代我国大地震与磁暴对应情况

序号	起倍磁暴日期	被倍磁暴日期	推算发震日期	实际发震日期	震级	天数差	地震地点
1	1961.04.15	1961.10.01	1962.03.19	1962.03.19	6.1	0	广东河源
2	1965.07.19	1965.09.16	1965.11.14	1965.11.13	6.6	1	乌鲁木齐
3	1964.02.06	1965.02.06	1966.02.07	1966.02.05	6.5	2	云南东川
4	1964.05.14	1965.04.18	1966.03.23	1966.03.22	7.2	1	河北宁晋
5	1967.01.19	1967.02.16	1967.03.26	1967.03.27	6.3	1	河北河间
6	1967.02.16	1967.05.23	1967.08.31	1967.08.30	6.8	1	四川甘孜
7	1968.09.07	1969.02.11	1969.07.18	1969.07.18	7.4	0	渤海
8	1967.05.03	1968.06.13	1969.07.25	1969.07.26	6.4	−1	广东阳江
9	1968.06.11	1969.03.24	1970.01.04	1970.01.05	7.7	−1	云南通海
10	1967.04.04	1968.08.13	1970.02.23	1970.02.24	6.2	−1	四川大邑

1972 年，张铁铮对该方法又做了改进，增加了预测发震地点的方法。后来不少人应用这个方法作了地震三要素的预报，成功率是不小的。

如何正确地选择磁暴是使用磁暴二倍法的一个重要环节。有的地震发生时并未出现磁暴，而是在震前较长时间内出现不止一个磁暴。有的地震却是好几组磁暴与之对应。比如唐山大地震，在震前有 4 组磁暴：1972 年 8 月 10 日和 1974 年 8 月 4 日；1975 年 3 月 10 日和 1975 年 11 月 18 日；1975 年 11 月 23 日和 1976 年 3 月 26 日；1976 年 4 月 1 日和 1976 年 5 月 20 日。它们的间隔天数加倍后的日期，全都对应于 1976 年 7 月 28 日唐山 7.8 级地震的发生日期。加倍后的预测日期与实际日期相差不过一两天。

上海市地震局的沈宗丕于 1970 年提出了"磁偏角异常二倍法"。用两个台的磁偏角幅度相减，值为 ΔR_D，如 $\Delta R_D \geqslant 3.5'$ 就作为异常。两个异常相隔的天数必须符合一定的周期（29.6 天或近似的周期）的公倍数才能用以预报。试举例于下：以北京白家疃台与佘山台磁偏角幅度差为 ΔR_D，起倍磁偏角异常日期为 1972 年 8 月 5 日，被倍磁偏角异常日期为 1972 年 9 月 14 日，$\Delta R_D = 4.0'$，起倍与被倍日期相隔天数为 40 天，不是 29.6 天的公倍数，预报发震日期为 1972 年 10 月 24 日,实际无震。而另一个被倍日期为 1972 年 11 月 1 日,$\Delta R_D = 4.0'$,起倍与被倍日期相隔天数为 88 天,近于 29.6 天的 3 倍,预报发震日期为 1973 年 1 月 28 日,实际发震日期为 1973 年 1 月 31 日,墨西哥 7.9 级。

29.6 天左右的周期性,接近于月亮运行的朔望月平均长(29.53 天),也接近于月亮过近地点的近点月长(27.55 天)。由此可推知,他在作预报中已有月亮的影响因素在内。因此,沈宗丕于 1977 年将方法改名为"磁暴月相二倍法"。近年来,他用此方法所作的全球 ≥7.5 级地震的预报,是相当成功的。比如对 1998 年 5 月~2001 年 1 月期间全球发生 M_S≥7.5 级大地震的研究,在此期间用 9 个起倍磁暴日和相应的多个被倍磁暴日进行二倍计算,得到的计算发震日期,在 ±5 天的范围内,实际发震的占 73%(15 个计算发震日期,对应有 11 个)。也可以看出,仍然有漏极与虚极。

中国天灾预测专业委员会的第二届主任郭增建先生(第一届主任为翁文波院士)于 1977 年提出"磁暴倍九法"。即在磁暴发生后第 9~10 天、16~18 天、24~27 天、36~37 天、43~45 天、63~69 天以及 75~77 天中,发生破坏性地震的可能性最大。他认为大致有 9 天左右的天气韵律以 9 天为一韵。比如磁暴日期为 1976 年 6 月 30 日,天气韵律为 24~27 天,推算发震日期为 7 月 24~27 日,实际为 1976 年 7 月 28 日唐山 7.8 级。比如磁暴日期 1975 年 1 月 6 日,天气韵律 16~18 天,推算发震日期为 1 月 22~24 日,而实际发震日期为 1975 年 1 月 19 日,西藏札达 7.1 级。推算发震日期与实际发震日期相差在 2 天以上的,为对应不好。

地震预报的方法是多种多样的,我们这里提出的仅仅是从磁暴与地震的关系来考虑的一种方法,尽管还不够成熟,但它是咱们中国独创的,具有重大的意义。

我们仍然强调,地震不是不可预报的,但预报三要素都准确也是不容易的。我国学者有理想、有毅力去攻克这个科学难关,为人类做出更大的贡献。

第八章 太阳活动与人生

太阳活动与优生优育

俗话说"万物生长靠太阳",这是正确的。太阳给地球以光明与温暖,促进了生物的繁衍发展。而当我们了解了太阳的光(辐射)与热(辐射)在发生变化着,那么,它对生物是不是有影响呢?特别是对我们人类的生育与健康有没有影响呢?这是一个很有趣的问题,但也是很重要的问题。人口、资源与环境已成为当前世界的最重大问题,如果处理不好,人类社会的可持续发展就成为空话。人口问题,不仅仅是数量问题,还有人的素质问题。所以我国将计划生育列为国策,提倡优生优育。为此,需要采取许多计划与措施。而种种的预研究又是其前提。江西生物制品研究所的张英荃经过20余年的调查、研究,得出太阳活动与优生优育的研究成果,又综合国内外的其他研究成果,出版了《宇宙环境优生原理》一书(四川科学技术出版社,1996年出版)。现在就依据张英荃先生的论著,来谈谈太阳活动与优生优育的问题。

小剂量辐射的有益效应

电磁辐射的波段，从 γ 射线、X 射线、紫外线、可见光、红外线，到无线电波。γ 射线的波长最短（3Å 以下）。逐段扩大，可见光的波长在 3000～7000 Å，而无线电波的波长可长达几十、上百米。从辐射的能量来看，紫外线以外的短波部分最强。对于 X 射线通常将 3Å 左右的称为"硬 X 射线"，在 10Å 左右的称为"软 X 射线"。

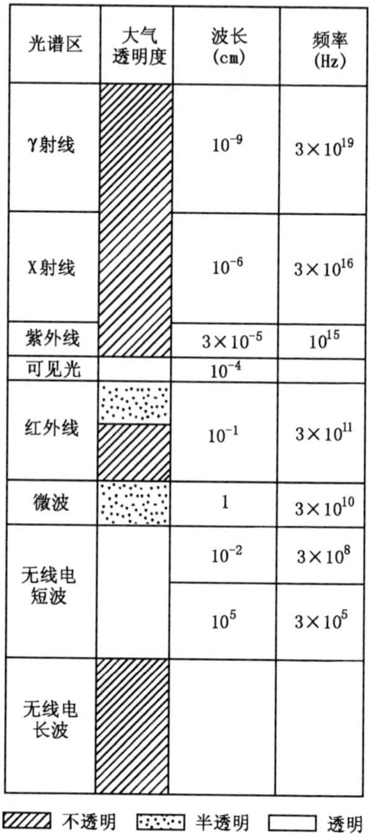

射线对人体既有有益的一面，也有有害的一面。比如晒太阳光有好处，但晒得时间过长了，对人体的皮肤、眼睛等都有害。这里涉及辐射剂量大小的问题。过大的剂量是有害健康的，而有限的适当的剂量则是有益的。人们在做 X 光透视时，时间不能过长，同一时段内又不能多次反复地做，其原因也就在这里。辐射致癌，现在在动物实验和流行病学调查两方面都取得了充足的证据。强紫外线可诱发皮肤癌；腹内受照射和放疗后的婴儿，白血病发病率显著增高，已为人们所公认。

但是，小剂量的辐射却是有益和必要的。有报道说，小白鼠每

光谱区	大气透明度	波长(cm)	频率(Hz)
γ射线	不透明	10^{-9}	3×10^{19}
X射线	不透明	10^{-6}	3×10^{16}
紫外线	不透明	3×10^{-5}	10^{15}
可见光		10^{-4}	
红外线	半透明	10^{-1}	3×10^{11}
微波	半透明	1	3×10^{10}
无线电短波	透明	10^{-2}	3×10^{8}
		10^{5}	3×10^{5}
无线电长波	不透明		

图 8.1　电磁波谱示意图
（图中数值为各范围的底线值）

日经小剂量 X 射线照射,其生长速度显著加快,细菌受低剂量电离辐射后,其增殖加强。辐射量不足的大麦和海藻,生活力较弱。

小剂量辐射有增强免疫作用。有人用 X 射线全身照射小鼠 24 小时后,剂量为 0.025~0.5Gy 时,脾脏自然杀伤细胞活性显著增高,而当剂量增至 4~18Gy 时,脾脏自然杀伤细胞活性反而降低(范晓慧等 1987)。其他的试验也表明小剂量辐射也有能使一些细胞免疫增强的作用,其机理也有所解释。

小剂量辐射会诱发细胞遗传学适应性反应。什么叫做"细胞遗传学适应性反应"? 就是在受到较大剂量辐射作用之前,预先受到小剂量辐射的作用。这小剂量的作用可以使以后受到的大剂量辐射所致的染色体损伤得到减轻。也就是说,在细胞受到大剂量辐射以前,先让它适应一下这种环境条件,所以称为"适应性反应"。就如同打预防针一样的作用。

此外,小剂量辐射对细胞修复有刺激的作用。

太阳辐射变化对先天素质的影响

人体各种组织和细胞对辐射的敏感性有极大的差别。生殖细胞高于体细胞。胚胎期高于出生后。出生后以初生时为最高,随着成长而逐渐下降。生殖细胞中,从精原细胞直到精子,它们的辐射敏感性的次序是:B 型精原细胞,A 型精原细胞,精原细胞,精母细胞,成熟精子。B 型精原细胞的辐射敏感性比精子约高一万倍。

与精子发育过程相比,人类的雌性生殖细胞——卵子的发育,要经过漫长的岁月。在考察它们对辐射的敏感性时,则是按下列次序递增:①原始卵泡,②卵母细胞,③发育中的卵泡,④成熟卵泡。这是与雄性生殖细胞不一样的。将雌雄生殖细胞合起来看,则在胚胎前期有两个对辐射敏感的时期,一个是精原细胞期,在受孕前 70~80 天,另一个是成熟卵泡期,但更要重视精原细胞发育期受辐射的影响。

胚胎和胎儿的辐射敏感性,比出生后要强得多。在整个胚胎期又以妊娠早期 38 天之内对辐射最敏感。人类胚胎在 18~38 天这段时间内，正是所有器官原基正处于形成过程中。对于这种形成过程的干扰，往往会产生畸形。

从孕育过程看，受孕前 85 天到受孕后 38 天左右是对辐射敏感的时期，而尤以受孕前 50~75 天为最敏感期。正是这个时期的宇宙环境（主要是太阳活动变化）对下一代的身体素质有着最大的影响。这个时期约在出生前一年（农历的年）左右。

张英荃研究组就是按照这一时间标准，去进行大规模的实地调查。调查结果表明，出生前一年的太阳活动状况和辐射强度，对健康状况、体质类型、免疫功能、智力等均有显著的影响。当然，这是从群体来分析的，亦即是统计学的结果。对每个个体来说，他的身体素质受到社会的、心理的、遗传的多种因素的影响，每个人不能都符合统计结果。

现摘录其中的若干研究成果，来看看太阳活动对人的身心素质的影响。

• 寿命

人的寿命长短，常被认为是身体健康状况的一个硬指标。

人的寿命虽受先天、后天的多种因素的影响，但仍可探寻单一因素的影响。张英荃等采用江西省两次人口普查资料。一次为 1982 年，另一次为 1964 年。普查了长寿（80~90 岁）老人共 76 474 人。按其出生年份分别进行统计，将各龄长寿老人的人数与他们出生年前一年的太阳黑子数年均值（R 值）相对照，（R 值是取前一年下半年的黑子数与当年上半年的黑子数的平均值，以便与 7 月 1 日前满周岁的年龄相对照）统计结果表明，出生前一年太阳黑子数在 5~78 之间时，对寿命影响较好，尤以 9~15 之间为最好。而 5 以下及 78 以上时，对寿命的影响最为不利。

由此可见，适量的辐射对健康与长寿是有利的。从生理机制上亦可作出解释。中间环节是对代谢速度的影响。代谢水平过低，机体产生的能量不足以满足生理活动的需要；而代谢速度过快，机体产热过多,也是致病和加速衰老的根源。中医经典《内经》中就有这方面的理论。

因此,过强的太阳辐射影响生殖细胞的正常发育,会缩短人的寿命。要长寿,必须选择适当的太阳活动时期来怀孕。

· 智力

在成孕前后生殖细胞和胚胎的辐射敏感期,遇到太阳活动过于强烈时,对智力是否有影响呢?为了弄清这一问题,张英荃等对诺贝尔自然科学奖获得者进行了统计分析。

从1901年到1979年,诺贝尔物理奖、化学奖、生理和医学奖获得者共333人。查到出生年月资料的有304人,他们出生于1835~1940年间,成孕前后生殖细胞和胚胎的辐射敏感期分布于1834~1839年间。在此106年间,共经过10个太阳活动11年周期。将此304人的出生年、月排成表,然后与各年的太阳黑子数进行比较,结果表明,太阳黑子数年均值在80以下的年份孕育的科学家人数为多。总人数为280人,占304人中的92.1%。如爱因斯坦、居里夫人、伦琴、波尔、安德森等,都是在低黑子数(70~80)年份后一年诞生的,而黑子数在80以上的各年孕育的科学家比较少,达不到总人数的8%。经显著性检验(t检验),此二者的差异是很显著的($P<0.001$)。

这个分析说明,强烈的太阳活动对于未来的人群智力是不利的。为了聪明点,受孕的时期应有所选择。选择太阳低活动水平的年份为佳。

太阳活动与优生优育

依据小剂量辐射有益的观点,以及上面所述的太阳活动对人群的身心素质的可能影响,江西的张英荃就先天素质的预培养提出了一套措施:

· 受孕年份的选择

为了使生殖细胞和胚胎的辐射敏感期处于适量的宇宙辐射的

条件下,最好选择太阳活动中等强度年受孕。因为在这种年份,不易达到宇宙辐射"过多有害"的量,也不易造成"太少不利"的情况。

每年的太阳活动水平,可以依据《天文普及年历》刊登的太阳黑子数来预测。太阳活动的 11 年周期中,峰年与谷年一般可以预知,受孕时间避开此两年。至于更好的是选择黑子数年均值在 70～90 间的年份。

• 受孕月份的选择

有的人会说,要等 10 年左右才生一个孩子,时间太长了,可能等不及。那么,就要在年份中选择太阳活动中等的月份。因为在任一年中,每个月的黑子数参差不齐,有大的,有小的。在优生中可选择中等大小的月份。

在太阳活动强烈的年份,可选择月黑子数较小的月份;而在太阳活动衰弱的年份,可选择月黑子数较大(当然在 70～90 间)的月份。这里都需预先知道每月的太阳活动情况。

此外,按照中医理论,在受孕时间上,还应注意,在日食、月食、狂风、暴雨、闪电、雷鸣之夜,严寒酷暑之时,也均不宜受孕。

太阳活动与急性传染病

由于太阳活动变化对地球气候的影响和对微生物繁殖的影响,人类的许多流行传染病,也都受到太阳活动变化的影响。

紫金山天文台徐振韬等人在《太阳黑子与人类》(天津科技出版社,1986)一书中已提到太阳与疾病的关系,指出 1750～1901 年间世界霍乱大流行,基本上是发生在太阳活动的峰年附近(见图 8.2)。图中细线为黑子活动曲线,粗黑线为霍乱的流行期。此流行期共 15 段,其中有 12 段是处在黑子峰年附近,仅 1 段处在谷年,其余 2 段处在上升期与下降期。

另一种传染病——回归热,它与太阳活动也有密切的关系。比如,莫斯科 1883～1918 年回归热的患病率距平值与黑子数距平值

第八章 太阳活动与人生 · 179

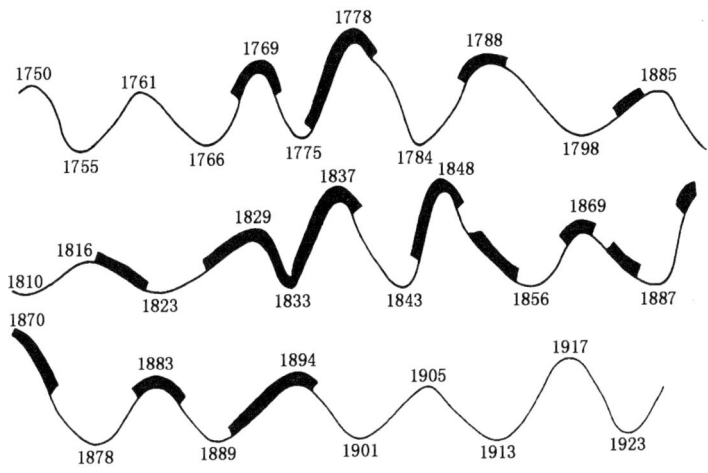

图 8.2 霍乱在太阳黑子活动曲线上的分布
(徐振韬,蒋窈窕 1986)

的变化趋势是那么的一致(见图 8.3)。计算出的相关系数高达
+0.88。

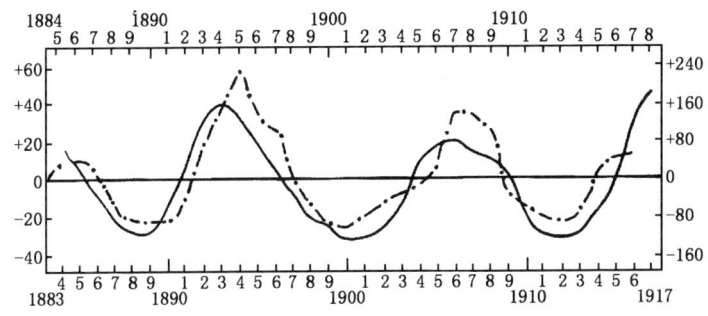

图 8.3 1883~1918 年莫斯科回归热(虚线)
和黑子数(实线)距平值
(徐振韬,蒋窈窕 1986)

还有其他的疾病,如鼠疫、白喉、脑脊髓膜炎、伤寒、赤痢和猩

红热等的流行,也与太阳活动有正相关的关系,在太阳活动峰年附近发生的机会远远大于其他年份。

徐振韬等指出,每次流感大流行时病毒的类型虽然有所不同,但其流行的间隔有着明显的周期性。从1700年到1979年的230年间,有11次大流行发生在太阳活动最强的时期,只有1次例外。因此,有些国家还依据太阳与流感的关系,去作传染病的预测,以制订预防措施。

笔者同中国预防医学科学院流行病研究所的曾光等人,曾就我国的急性传染病的流行与太阳活动的关系作了探讨。考虑到各种急性传染病的病原及传染途径不同,我们选取病原体变化与自然生态关系较大的流感、流脑、乙脑、斑疹伤寒、疟疾、狂犬病、恙虫病、回归热、森林脑炎和钩体病等10种传染病进行分析。

各种传染病的发病率(以10万人为单位)、病死率等数据,引自《全国疫情资料汇编》。由于各病起始监测的时间不同,多数资料年代为1951～1986年,仅流感为1957～1986年,恙虫病为1956～1986年,狂犬病与森林脑炎为1955～1986年,钩体病为1962～1986年。

太阳活动以黑子相对数为指标,亦用$\geqslant 2$级耀斑的数目,二者年代均为1951～1986年。

在分析太阳活动与所选传染病的关系中,我们采用了同类相关与延期相关的公式,计算结果表明,同期相关不明显,而延后相关则较好。太阳活动与流脑、乙脑、疟疾、斑疹伤寒、回归热等传染病的相关系数,在延后3年左右为最大值,并且大多达到0.05的信度。特别是斑疹伤寒的相关系数的信度已超过0.01,见图8.4。

在研究太阳活动单周与双周中各种传染病发病率中,发现10种传染病中有9种有明显的差异。特别在太阳活动双周中,乙脑、疟疾、流脑、钩体病等的发病率有所增高,而狂犬病、回归热、森林脑炎等的发病率有所降低。

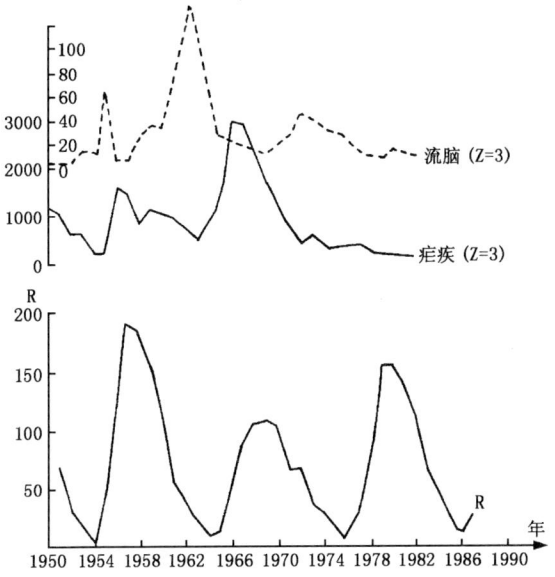

图 8.4　太阳活动与流脑、疟疫延后 3 年的相关情况
(Z 为延后年数)

流行性感冒与太阳活动无明显关系,这可能与流感疫情资料质量较差有关。

在分析不同月份的耀斑作用时,发现在耀斑频繁的月份,斑疹伤寒的发病率有近 90% 的可能低于普通月份。

限于当时的资料年限不长,而且我国疫情又存在漏报问题,所以分析结果难免有片面性。

至于太阳活动何以会对传染病有影响,我们可以从致病因子的特征上考虑。比如乙脑、疟疾、斑疹伤寒、森林脑炎、回归热等,都是以昆虫为传染媒介的。昆虫的繁殖、病原体的繁殖与传播条件又都受自然环境(主要是气候因子)的影响。太阳活动通过气候变化间接影响病原体和昆虫媒介,也可能通过太阳辐射直接影响,其作用模式为:

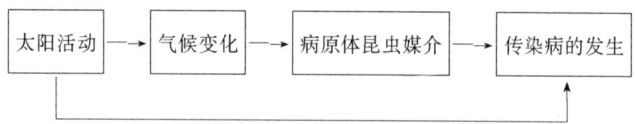

"太阳活动—气候—传染病"的模式,国外有人提过。但我们认为还可能有直接的影响。例如,病死率最高的狂犬病(一般年份几乎达100%)的传播并无昆虫媒介,有可能是太阳活动直接作用于狂犬病病毒的结果。其间的作用机理,尚待研究。

太阳活动与心血管病、精神病

这个领域的研究,对比于"日—气关系"研究是比较少的,但也有些令人信服的结果。据徐振韬等人的报导,苏联的齐热夫斯基(太阳—生物圈问题的倡导者)早在上世纪30年代就开始作这方面的探讨。认为太阳活动对人的神经系统、血液系统有微妙的作用。

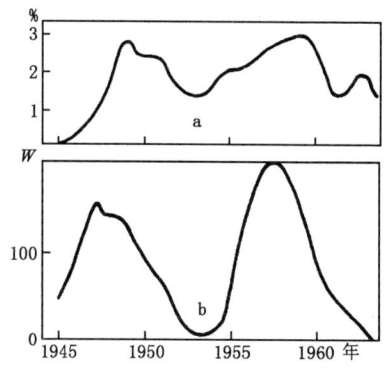

图8.5 中风死亡率(曲线a)与太阳活动(曲线b)
(徐振韬,蒋窈窕 1986)

有人就苏联一个中等城市20年内中风死亡率和黑子曲线进行比较(图8.5),发现在太阳活动处在强烈的时期,因中风引起的死亡人数也最多。

中风是心脑血管疾病的一种。这就表明太阳活动与心脑血管疾病是有一定关系的。

太阳活动的短期效应也比较明显。在太阳爆发以后,地磁指数(以C值表示)急剧增大,此时心脑血管病的病人增多,死亡率也

第八章 太阳活动与人生

比较大。前苏联学者在分析了 1960~1966 年斯维尔德沃夫市心脑血管病死亡人数与磁扰强度的关系后,得到下表:

磁情指数 C	心肌梗塞每日死亡数	比值	中风每日死亡数	比值
0.0	0.31	1.00	0.08	1.0
0.5	0.37	1.20	0.08	1.0
1.0	0.49	1.53	0.12	1.5
1.5	1.04	3.36	0.31	3.9
2.0	1.06	3.43	—	—

可见,在磁扰较强($C \geqslant 1.5$)的日子里,心脑血管病死亡人数比磁静日($C=0.0$)猛增 3~4 倍。

印度两大城市(海德拉巴、锡康达腊巴德)在 1972 年 8 月 4~10 日大磁暴($\Delta H > 300$nT)后,心脏病患者就剧增一倍。

我国医生苏增臣提出了《太阳耀斑引起血压升高的临床观察报告》(刊于《福建天文》,7 卷,2001)。报告指出,在 1982 年 6 月 14 日太阳连续发生两次 2 级耀斑,于此前后(6 月 12 日、6 月 15 日、6 月 18 日)观测病例 27 人(女性 24 人,男性 3 人),对照组亦 27 人(男性 8 人,女性 19 人)。在测量各人的收缩压与舒张压之后,得出其平均值,列于下表:

结果\观察\分组	人数	耀前 $\bar{X}$ BPmmHg	耀日 $\bar{X}$ BPmmHg	耀后 $\bar{X}$ BPmmHg	均差	t	观对 } t
观察组	27	133/88	141/96	135/92	7/6	2.12/3	1.8
对照组	27	104/68	105/69	103/67	1.5/1.5	0.75/0.60	2.6

观察组在耀斑日比前后均值收缩压上升 7mmHg,舒张压上升 6mmHg,t 为 2.12/3。

对照组在耀斑日比前后均值收缩压上升 1.5mmHg,舒张压上升 1.5mmHg,t 为 0.75/0.60。

由此比较不难了解在太阳大耀斑时,人的血压有上升趋势。

对此现象的解释是,太阳耀斑发射的多种射线及粒子流,引起地球电离层和地磁场变化,而这些变化影响到人体,人体为了适应这种自然变化,产生自身调节导致血压升高。具体的机理仍需研究。

最值得注意的是沈超、刘振兴、张洪的一个研究。此研究指出日地空间环境的11年周期波动变化,对地球生物圈中的各种微生物、植物、动物的生长、发育及繁殖过程产生重要的调节作用。对于人类的作用表现在:

① 给人体的生理活动带来一系列的影响。比如,人体的18个功能指数(如血红蛋白、各种血凝指数、血液胆固醇水平、心律等等)的月平均值,尤其年均值与太阳地球物理状况之间呈正相关关系。人体的许多疾病(传染病、心脑血管病、癌症等等)的发生率与日地空间环境活动性具有正相关的关系。其机理也有了不少探讨。

② 给人体的内分泌系统、神经系统带来一些紊乱。研究表明,地磁活动对人体内分泌水平具有明显的调制作用。强烈的地磁活动后1~2天,皮质类固醇及肾上腺激素分泌开始增加。而此两激素与人的情绪紧张程度有很大关系。肾上腺水平的提高可增强人的攻击性本能。

地磁活动与神经系统的一般兴奋性有一定的相关关系。如地磁增强时期,人的判断错误也急剧上升。

他们还研究了全球"人类自发攻击性"历史事件与太阳活动的关系。人类自发攻击性是指群体性的、自发程度高的活动,如大规模罢工暴动,起义,资产阶级革命,民族解放运动,思想解放运动之类。他们分析了1835~1935年间的人类自发攻击性事件发生率,得到在太阳活动峰年期,发生率最高,而在活动谷年期,发生率很小,世界相对平静。人类潜意识攻击本能随日地环境的活动性而呈11年周期同步波动。另外,也有22年周期的反映。

太阳活动与交通事故

交通事故往往导致人员的伤亡以及车辆、货物的损坏,已构成

第八章 太阳活动与人生 · 185

社会灾害的一种。对于大城市来说,几乎天天都有交通事故发生,交警、医生都为此忙个不停。但是在统计城市交通事故中,人们都发现了交通事故可能与太阳活动有关系。

徐振韬等报道,日本学者统计了 1943~1965 年整整两个 11 年周期期间东京及全日本车辆造成的交通事故,得出图 8.6。曲线 1 为黑子相对数,曲线 2 和 3 分别为东京和全日本每 1000 辆汽车所发生的交通事故次数的变化。三条曲线的趋势是一致的。这表明,太阳活动峰年附近,交通事故是最多的。在苏联、印度等国的大城市车祸的统计中,也有类似的结果。

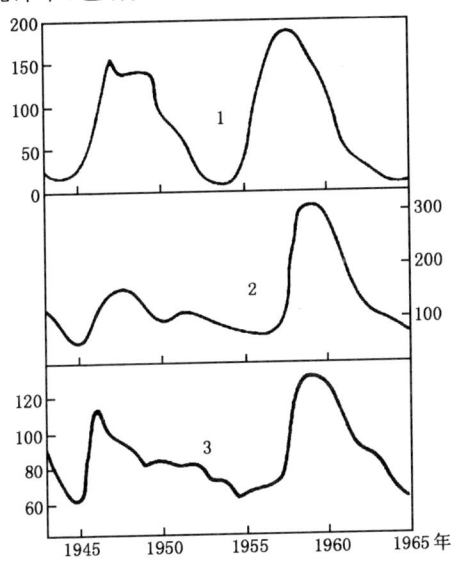

图 8.6 太阳活动与交通事故
(徐振韬,蒋窈窕 1986)

我国紫金山天文台的陈向阳、朱祖彦分析了 1949~1990 年间南京市交通事故的资料,得到:交通事故数、死亡人数与每月太阳大事件(指伴有 M 级、X 级 X 射线爆发的 2 级以上耀斑)相关密切。比如 1991 年上半年太阳活动明显增强,而交通事故,尤其是恶性事件比1990年同期上升了23%。很显然,这是太阳高能辐射的影响。太阳高能粒子流要两天后才抵达地球,所以在大耀斑发生后二三天里,交通事故会形成高峰。

廖锡磊等依据武汉交通大队提供的1955～1990年的机动车交通事故资料,分析了它们与太阳活动的关系,得到相关系数列于下表:

年代	1955～1973年	1973～1977年	1977～1990年	1977▲～1990年	1977▲▲～1990年
事故次数	0.667	−0.883	−0.003	0.525	0.800
受伤人数	0.536	−0.858	+0.285	0.817	0.876
死亡人数	0.518	−0.805	−0.059	0.320	0.208

(▲滞后一年,▲▲滞后2年相关)

太阳活动第19周(1954～1965年)时,大部分为正相关(缺少1954年资料)。第20周(1966～1975年)大部分为负相关,第21周(1976～1986年)的部分与第20周的部分年份为负相关。而在滞后一年或两年后相关密切。太阳活动峰年后一年往往为耀斑活动的高峰,亦为地磁活动性最大的年份。所以,可肯定为太阳活动→地磁→交通事故的模式。

参考文献

杜品仁,徐道一.1989.天文地震学引论.北京:地震出版社
《福建天文》.1996.2(3、4),1998.4(3、4)
胡文瑞,赵学溥.1987.太阳十讲.北京:科学出版社
胡文瑞,林元章,吴林襄等.1983.太阳耀斑.北京:科学出版社
霍尔曼等(盛承禹等译).1984.太阳·天气·气候.北京:气象出版社
林元章.2000.太阳物理导论.北京:科学出版社
倪永生.1990.地磁学简明教程.北京:地震出版社
任振球.1990.全球变化.北京:科学出版社
宋礼庭.1994.从太阳到地球.长沙:湖南教育出版社
王家龙.1999.我们的太阳.南宁:广西教育出版社
徐道一等.1979.天体运行与地震预报.北京:地震出版社
徐振韬,蒋窈窕.1986.太阳黑子与人类.天津:天津科学技术出版社
云南天文台台刊.1990.第22太阳活动周峰年日地整体行为研究:专集Ⅲ.昆明:云南天文台
叶式辉.1982.太阳.北京:科学普及出版社
曾治权等.1989.日地关系.北京:地震出版社
张元东,李维宝.1989.太阳黑子.北京:中国华侨出版公司
张宗诚等.1976.气候变迁及其原因.北京:科学出版社
章振大.1992.太阳物理学.北京:科学出版社
章振大.2000.日冕物理.北京:科学出版社
庄洪春.1995.空间电学.北京:科学出版社
Bray R J, Loughhead R E. 1979. Sunspots, Dover Publications, Inc, New York
Gibson G E. 1973. The Quiet Sun, Scientific and Technical Information Office, NASA Washington D. C.
Hundnausen A J. Coronal Mass Ejections: A summary of SMM Observa-

tions,HAO NCAR,Boulder

Mclean D I. and Labrum N R. 1985. ed. :Solar Radiophysics,Cambridge University Press,London

Thompson R. 1993. The World Space Weather Service. In:Hruska J,et al, eds. Solar-Terrestrial Predictions- Ⅳ ,NOAA,Boulder,P. 17

后　记

经过半年多的努力，书稿终于交给出版社，请编辑同志润笔了。

早先，在今年春天，突然收到气象出版社的一封信，说是社内计划出一套科普书，来迎接2003年世界气候大会在北京召开。在这套丛书中有一本书名为《太阳风暴》，经著名天文科普专家、中国科普创作研究所研究员李元先生推荐，由张元东执笔云云。我考虑再三，觉得此书不易写好，且时间又紧，欲另请高明。但在李元先生（曾是我的上级领导）的劝说下，就答应下来了。

后来考虑到身体欠佳（患高血压病），就恳请好友、国家天文台太阳物理学家、太阳预报专家王家龙同志来协助。他欣然同意，放下手头的一些其他工作，来编写本书的一部分。

因此，本书就由两个人合作完成。关于本书的内容与目次，都进行了讨论与协商。其中第一章至第四章由王家龙执笔，第五章至第八章由张元东执笔。

"太阳风暴"一词，最早见于2000年6月初的新闻报道。这是一种比较形象性的说法。比如"从6月2日起，我国已经受到太阳风暴三次干扰，其中最大的一次在6月9日，全国范围内短波讯号受到干扰，持续时间达17小时。广播卫星通信和卫星导航定位等无线电系统，也受到干扰，甚至中断"。这里并没有说太阳风暴直接干扰什么，而是说由于太阳强烈活动，增强的电磁辐射与粒子辐射，在抵达地球后造成的电离层暴、地磁暴等等，影响了无线电联系及其他地球物理现象（参见本书第三章）。在太阳物理学范畴内，尚未见有"风暴"这个名词。我们相信读者会将"太阳风暴"与地球大气对流层中的风暴区别开来。

本书在编写中引用了许多专家学者的论著,有的署名,有的未署名。在此,对所有有关专家学者表示衷心的感谢!

本书得到中国气象局及气象出版社的大力支持与帮助,特对他们表示谢意!

由于作者业务水平有限,书中难免有错误或缺点,欢迎读者不吝赐教。

张元东

于 2002.12.1